整理是愛的語言

整理不是丟棄，而是給予；
將多的釋出，把愛留下，
讓家變成愛的容器。

空間整理師 吳敏恩——著

整理不只是處理物品，

而是處理關係，

很多關係會因為空間的調整而改變；

整理不是要處處完美，

而是提醒我們不要掌控一切，

更重要的不是整理的成果，

而是在過程中，

你被提醒了什麼？

在你累了，

不用一直想著這裡還沒掃，那裡還沒收！

家才能成為你自在的地方。

簡約的生活，一開始可能會以為「越少越好」，
但隨著物品的減少，空間品質漸漸提升，
你會進階到「越好才會越少」。

少，不一定能使人滿足，
好，才會。

簡約的家就是創造一個能自省的空間，

買自己真正喜歡的東西，然後用很久。

讓家變美的，是留白的空間，而不是物品。

推薦語

「整理是一種愛與照顧自己的實踐。當我們用正向的心與有效的方法進行整理時，會真切感受到整潔帶來的好處、珍惜物品的滿足，以及對居住空間的感謝。同住屋簷下的家人，也能共同享受這份滋養。以『整理』作為對人、對物、對自己的愛之語，再好不過了。」

——Re Life整理收納學院校長／Blair

「收納整理的過程中一定會有不知如何開始的時候，透過敏恩老師的書籍，認真可以打開那扇通往美好人生的門，一起試看看！」

——收納工程師／Peggys

「當你學會好好整理生活，就會發現，原來愛自己，也可以這麼日常。」

——《財富自由的整理鍊金術》作者、整理鍊金術師／小印

「整理，是為了貼近更真實的自己。」

——居家整理顧問／何安蒔 Sasha

「書中提到『你家也是既乾淨又凌亂嗎？』，真心點頭如搗蒜，其實不是不會整理，但抓小放大，只會又累又亂，還不來看是否就是你！」

——一二三宿 居家生活／3小媽欣怡

「你只是想讓家變好，卻總在整理上和家人起衝突。其實你們都在用不同方式說愛，本書教你如何不勉強、不指責，讓整理變成理解彼此的橋樑，而不是距離的開端。」

——收納規畫顧問／阿好

「常常聽見客戶抱怨，好不容易花了很多錢買下房子，砸錢裝潢整個家，但最後卻不喜歡回家，因為空間被雜物塞滿了，但內心卻空空的。

我們以為多一點收納盒、多一個櫃子，家就會變得更好，但最後只是把情緒也一層層塞進抽屜，然後假裝沒事。

我一直相信整理不只有斷捨離，是一場對自己生活的深度對話。

這本書，是一步一步，帶你看懂自己的空間，也看懂自己。你會發現，當你開始整理，不只是清空桌面，而是慢慢把那些『我早就該放下的』，溫柔地放手。

用愛妝點你的家。推薦給你，想要重新開始的你。想找回生活主導權的你。還有，願意對自己好一點的你。

這本書，會讓你知道，你值得一個真正讓你安心的家。」

——收納專家／廖心筠

「用愛整理家，就會被滿滿的愛包圍著。」

——楊賢英快樂省錢生活 FB 版主／楊賢英

「作者分享『舒適生活的十個步驟』，從構思、精簡到動線優化，具體又實用。讀完會忍不住捲起袖子，躍躍欲試！」

——Youtuber／極簡實習生 Dan

自序——整理是愛的語言

對很多人來說，「整理」是稀鬆平常的事，「不過就是整理嘛！有什麼難的。」會這麼說的人，並非因為他是什麼家事或收納高手，相反的，很可能他極少做家務、也從不整理物品；整理收拾的確是一個家裡天天會遇到的事，空間整頓的好壞，也會直接影響到家庭的氛圍和家人的關係，細數一般家庭發生爭執摩擦的事件，十之八九都跟家務相關，但不做家事的人卻不覺得這是值得看重的事，還總是把整理物品、維持環境整潔的責任，丟給家中主要做家事的人。

對家庭主要照顧者而言，「整理」非但不是容易的事，還讓人感到十分棘手，看著滿室雜物，煩躁鬱悶之心油然而生；望著動彈不得的空間，愧疚焦慮；好想做點什麼？可以做點什麼？左思右想卻進退兩難、無所適從。

這些負面情緒的來源，除了歸因於認為整理是自己的「責任」外，也許更深層的原因，是因為他們正試著用整理來訴說愛，把整理當成一種愛的語言。因為珍惜所愛的物品，所以不忍割捨，想方設法留在身邊；因為是胼手胝足才擁有的住居，所以不忍看它日漸荒廢、雜亂叢生；因為是所愛的家人，不忍他們生活在猶如倉庫般的環境，每天在雜物堆中找東西，連邀請親友來訪都要顧慮再三；被賦予家事重責的太太或媽媽們，捨不得委屈物品、委屈空間、委屈家人，但卻總是委屈了自己，常常在自責「是不是我沒有做到應盡的本分呢？」但她們很少求救，因為在旁人看來：「不過就是整理嘛！有什麼難的？」

如果你也正身陷其中，面對忙亂的家事累得喘不過氣來，請別忘了，最需要關愛的人，是自己本身，整理是為了討自己喜歡，不是為了討好別人，更不是用來檢討自己，這份愛的語言，也可以是對自己說的，所以，請先照顧自己！

給自己獨處的時間，也許只有短短數十分鐘，打造對自己友善的空間，也許只是一個角落；整理的過程，是一段專屬於你的時空，往事總在獨自整理時緩緩湧上心頭，也試著整理這些回憶吧！混亂會堵塞思緒與感受，拋開不想要的、糾結的，擁抱想珍惜的、想留下的，無論是物品還是回憶，都是空間裡珍藏的故事，也是本書第二部分想要和大家分享的。

現今的世代，想要吃飽一頓飯有各式各樣的方法，你可以選擇自己下廚、也可以叫外送，或是去餐廳外食，即便是自己下廚，可以每道菜都自己煮，也可以選擇幾道菜是即食品加熱，減少烹調時間和技巧不足的壓力；同樣的，現今「整理」已被視為一項需要專業的技術，不擅長或沒時間整理的，可以選擇請整理師到府來改善家中的混亂，但和飲食這個需求不同的是，整理後的空間是需要維持的，如果不是獨居者的家，更需要全家人一同建立空間使用和維護上的共識。如果此時有一套像是「使用手冊」般的方法，只要遵循就能確保這個家的機能，那麼即便大家都不擅長整理也用不著擔心，本書的第三部分〈舒適生活的十個步驟〉就是因此而生。

看過這麼多因為空間混亂而困擾的家庭，都有一個共通的特點——「過多」，過多的囤積物品、過多的擠壓空間、過多的未雨綢繆、過多的煩惱焦慮，但眼前的事實告訴我們「物品」和「空間」原是相斥的，擁有的物品越多，可以使用的空間就越少，不減少物品，空間就難以改善。「不足」和「知足」也是天秤的兩端，總是感到不足，就越不可能覺得知足，整理的目的並不是「這樣就好」，也不是「這樣最好」，而是「這樣很好」。感覺不足時，要做的不是增加，而是先減少，把不喜歡的去除，才能知道缺少的是什麼，而只要夠好，一個就足夠。

簡約的生活，一開始可能會以為「越少越好」，但隨著物品的減少，空間品質漸漸提升，你會進階到「越好才會越少」。

少，不一定能使人滿足，

好，才會。

如果你向來不是家庭主要的照顧者，也請試著同理擔當家務重任的家人吧！試問這樣吃力不討好也不給薪的工作，若不是因著愛，誰願意承擔呢？請給予他肯定與支持，肯定他在家務上的付出，支持他在整理上的決定。整潔舒適的空間是一個家的基本需求，但整理並非家中某個人的責任；喜歡清爽乾淨是人的天性，但整理也並非是與生俱來的能力，整理像語言一樣，是學習而來、模仿而得，越練習越擅長的一種能力，同時，它也是一種愛的語言。

目錄

PART 1 整理是愛的語言

PART 2

空間裡珍藏的故事

PART 3

舒適生活的十個步驟

PART 4

愈美才會愈少

Part 1

整理是愛的語言

以愛之名

在成為整理收納師的這幾年間，有很多機會舉辦公開的講座和課程，我樂於和大家分享自己的簡約生活經歷，也致力把整理收納的概念，彙整成完整且易於執行的方法。

每逢中場休息時間，總有學員靠過來問問題，有趣的是即便每次參加的對象年紀、工作皆大不相同，但所詢問的卻幾乎一樣：「家人們總是不配合整理，習慣很差又愛囤物，怎麼改善呢？」

這的確是很多人對整理感到困擾的地方，我於是接著問：

「那你自己的物品在整理上有沒有什麼問題呢？」

多半對方會愣住三秒鐘，然後有點不好意思的說：

「我自己東西也還很多很亂啦！」

「其實我習慣也沒有很好。」

「我雖然會丟東西，但我也很愛買。」

「那其他家人有沒有指責或埋怨你呢？」

如果我加了這個問題，後面的回答就意味深長了……

「他們好像沒什麼感覺耶！每次都只有我很在意。」通常說自己會丟也很愛買的會這樣回答。

還有學員因為覺得自己的整潔習慣也沒有很好，所以生氣的語調中帶著懊惱，他們會這樣說：「家人有時候會說為什麼家裡不能收拾整齊一些，我就很生氣呀！做這些事又不是我一個人的責任。」

也有學員因為因為不知如何面對眼前的亂象，因此來報名整理課程或找上整理師幫忙，他們認為：「家人其實不太會說什麼，但我自己看了很不開心，反而讓我覺得自己是不是連整理都做不好，感到有點愧疚。」

也許大家想問的是：「究竟誰該為這些混亂負責呢？」

因為我愛你

在著名的暢銷書《愛之語》中提到人們對於愛的表現，大致上可歸納為五種，分別是「肯定的言詞」、「精心時刻」、「接受禮物」、「服務的行動」、「身體的接觸」，也被稱為**「愛的五種語言」**，每個人看重的都會偏向其中一到兩項，但由於對愛的感受和表達不一定相同，所以越是相愛關係緊密的家人，越常有落差或誤會。

舉例來說，愛之語的第四項「服務的行動」，包含許多和整理家務、收拾物品相關的內容，這也不難理解為何有些人總希望家裡乾淨整齊，餐餐烹調美味佳餚，對於家事一點也不馬虎，因為他認為這代表對家庭、家人的一種愛，這是他的愛之語。

你的愛之語不等於我的

對於將「服務的行動」視為愛之語的人而言，是否能感受到對方的愛，在於對方能否有同等的付出，然而對方的愛之語若不巧（通常是肯定）和你不同，他對於家裡是否整潔，物品是否歸位絲毫不在意，當然也就無法了解「做好家事」和「我愛你」有何關係，自然也無法看懂你到底在生氣或在意什麼了。

而對於做不好家事感到惶惶不安，甚至因此愧疚的女性而言，除了既有

「女性就應該做一個好太太、好媽媽」的框架以外，很有可能是她感受到了對方的愛之語是「服務的行動」，因此她希望透過「把家務做好」來表達愛意、滿足對方對於愛的需求，但卻又覺得自己不擅長整理，或是曾被對方指責過做得不好，所以有不得其門而入的傷感。

因為愛自己

既然「服務的行動」是一種愛之語，那如果將「整理」視為一種愛自己、為自己服務的表現，是不是就更顯得美好且令人期待呢？

整理不是為了別人做的，是為了我自己，
整理不是為了討別人開心，而是為了討自己喜歡，
用整理好的空間款待自己，我可以感受到自己深切的愛。

如果我今天不想整理，不是我做不到，而是此刻我的狀態更需要其他的愛之語；如果一直以來我都對整理提不起勁，也許我的愛之語並不包含服務的行動，但如果我的家人需要這樣的愛之語，我會留意該如何做，並以更輕鬆有效率的方法去執行。

整理是愛的語言

整理是愛的語言，整理更是「愛自己」的一種表現，如果把這樣的關注放在自己身上，你會越來越少去注意到家人又亂丟東西、都不幫忙做家事、總是留著用不到的物品……，諸如此類的事情。

要減少那些讓你焦躁的原因，與其對外索求，不如先從自己做起，當你對自己的物品、空間越來越有選擇權、掌控權後，就越能心平氣和地看待整理這件事情了。

把自己過好，就是對身邊的人的祝福

真正的祝福不包含憂慮

有沒有想過，我們對他人的祝賀詞，表面上是期許，但也隱藏著對對方的擔憂，例如：身體欠安的人，我們祝福他早日康復，心靈憂鬱的人，我們祝福他喜樂平安，對於年事已高的長輩，祝福他身體健康，苦讀備戰的考生，祝福他金榜題名，尚年幼無知的孩童，祝他更懂事、快快長大。

這原是無可厚非，因為人如同塵土，渺小又軟弱，面對我們沒有能力掌握的事情，只能任由其發展，但因為關心，總想著多做點什麼幫上忙，那就至少給予誠摯的祝福吧！

聖經上有句話這麼說：「耶和華所賜的福使人富足，並不加上憂慮。」神有能力掌管一切，能賜下全然的祝福，但從人而來的祝福往往潛藏著憂慮，如果我們先把自己的生活過好，不成為他人的煩惱，那麼別人對我們的祝福是否就能去除憂慮的層面呢？

把自己過好的第一步是「傾聽自己」

問問自己：「你還好嗎？」是照顧自己的第一步，也許可分為家庭、工作、個人三方面來思考，你幫自己各方面打幾分？你滿意現況嗎？有沒有失衡呢？有需要加強或減少哪一方面嗎？你過得好嗎？

如果還是不知道從哪裡傾聽自己、照顧自己的話，不妨從「整理」開始吧！

我們都知道心理會影響生理，心理如果有鬱悶煩躁的症狀，會在身體上呈現，這是由內而外的，需要專業的心理師、醫師的診斷，或是自我的消化吸收才能慢慢改善，然而外在的環境也相對會影響到身體，進而影響心理狀況。

既然內在不容易改變，倒不如先從外在環境著手，藉由所處環境的改善，讓身體恢復元氣，也讓心情不再煩躁，這也是《斷捨離》作者山下英子小姐曾經提過的概念，藉由構築居住空間理想的樣子，一步一步讓身處其中的你，也成為自己喜歡的樣子。

整理物品時，不只重新整頓居住空間，也一併整理了時間和人際。**囤積越多的物品是什麼，你的焦慮就是什麼。**用過多的物品來檢視自己內心不安的根源，有些是階段性的焦慮，比如疫情期間，大部分的人都會囤積口罩和消毒用品，因為那時期的焦慮來自於病毒傳播的迅速，還有對染疫的恐懼，而疫情過後，相信大部分的人只會備妥適當數量的防疫用品，不會過度囤積，也代表此時的焦慮已經解除了。

同理可證，檢視自己過多的物品是什麼類別，即可知道自己目前的焦慮是什麼？照顧自己的方法是尋找積極解除此焦慮的管道，而非用囤積物品來掩飾或逃避內心的不安，比如過度囤積保養品、衣服，可能是對容貌的焦慮與缺乏自信；過度囤積營養品、精油或成藥，可能是對健康的焦慮；過度囤積孩子的玩具、繪本或教具，可能是對教養孩子的迷惘產生焦慮；適度的焦慮可以轉化為前進的動力，因此一般人都會適度的購買、累積這些物品，然而數量若超過經濟上或空間管理上的負荷，也就顯示必須從減少囤積開始，進而認清囤積背後的焦慮，所以整理物品的同時，也照顧了身體與心靈，檢視自己的時間、金錢花在哪裡，也同時了解自己重視的、需要的、缺乏的是什麼。

洞悉身邊的美麗事物

「整理」也能同時提升洞察力，用心關注身旁的人事物，你會發現生活中平凡卻又可貴的美，陽光下，微風吹拂過洗淨後散發清香的衣服；爐子上，美麗的鑄鐵鍋冒出滾燙的白煙，辛勤地燉煮的美味佳餚；撿起垃圾紙屑、排好櫃子上的每個杯子、打開掃地機器人、聽著洗碗機清洗的聲音，這一切都是這麼的平凡，卻也是這麼的有秩序，讓人心底揚起陣陣幸福的感受，平靜又自在。

「發現美」、「感受美」，進而「創造美」，不需要什麼高深的技巧，也不是虛無飄渺的心靈雞湯，無論你身處在什麼空間，用心地觀察它、整頓它，美麗的事物就在不遠處。

把自己過好就是對身邊的人的祝福

所以說，「把自己過好」並不一定要吃昂貴大餐、買名牌犒賞自己，從整理的過程中，了解自己、關心自己，用整頓後全新的樣貌，款待自己、提升自己，讓自己的存在成為身邊人的祝福，讓別人想到你的時候，感到幸福、感到溫暖，讓別人的祝福成真，不是因為焦慮而祝福，而是心之所向。

洞悉身邊的美麗事物，重新「認識自己」、「接納自己」並且「取悅自己」。

讓你的家來照顧你

家，是來服務你的

你可曾環顧房子四周，看著凌亂的場景，內心焦慮又沮喪：「為何家事永遠都做不完啊！」或者因為對整理家務不上手，不禁責怪自己：「我可能不是一個好媽媽／太太？」

會這麼想的原因之一，是因為我們把家的維護當作是自己需一肩扛起的責任，把「做」與「不做」等同「好」與「不好」，把自己的角色定位成家事清潔人員，但在《低潮整理術》這本書中，作者KC．戴維斯將一般所謂的家務事稱為「日常照顧工作」，這些事情並非身為家庭主婦就應該做的事，而是為了讓日常生活順利進行而做的照顧工作，作者說：「日常照顧工作是不帶道德批判的。」也就是說，日常照顧工作在道德上是中立的，你做的好與壞，與你是不是一個好人、好配偶、好父母無關，「你不會因為跟不上髒衣服堆積的速度就成為一個失敗者，洗衣服在道德上是中立的。」

所以，身為這個房子的主人，你不是來服務這個家的，而應該讓家來為你服務，不要急著把照顧這個家的責任往身上攬，而是讓你的家來照顧你。

家，具有的基本功能

家的基本功能就是：當我餓了，不論料理是不是自己煮的，但確定的是，廚房內有足夠果腹的食物可以服務我，當我冷了，衣櫥內有美麗的衣服可以服務我，累了可以放鬆休息、倦了可以安穩睡覺，最重要的是，當需要使用物品，我可以找得著也拿得到；我們需要做的日常照護工作，就是確保這些基本功能每天正常運作，不需要一整天都忙著整理家裡，只要每天或定期花少許時間做好家的照顧工作，家就會隨時處於可以照顧、服務你的狀態。

不只是做家事，而是「管理」這個家

每天必定要完成，使家保有基本功能的家事有哪些呢？我結合KC·戴維斯的論述和自己的心得，歸納出五大項：

1. **整理收拾：**歸位物品、集中待處理的物品、淨空檯面和地板
2. **基本清潔：**掃地、拖地，打掃浴廁
3. **洗碗：**包含清潔碗盤鍋具、擦拭爐台和流理台、處理廚餘
4. **洗衣：**包含衣服的洗、晾（烘）、收、摺、歸位
5. **倒垃圾：**清理一般垃圾和回收垃圾

瑣碎的家事看來好像不少，所幸如今科技發達，有許多機器可以代勞，在我家有三名大將：「掃拖機器人」、「洗碗機」和「洗衣機」，分擔了超過一半的工作量，我只需要協助事前的收拾整理和事後的清潔維護，這其中要注意的是每個家事動線和流程是否順暢，若可利用空檔時間一氣呵成不累積，避免遺忘或中斷導致拖延，就能夠花少少時間完成整個家的照顧工作。

日常照顧工作是為了關愛自己

有好幾次在講座結束散場後，聽眾到台前與我分享自己的情況，說著說著就激動的流淚了，有時候是面對囤積的父母，自己無力協助感到不捨與自責，有的人則是因為沒有把家裡整理乾淨，覺得愧對做為媽媽和太太的身分，但是KC．戴維斯多次強調：「無論你在日常照顧工作方面做得是好是壞，你都應該得到善意和愛，雜亂就是雜亂，不代表其他意涵。」如果你常常因為家事做不完、做不好而自責，那麼換個方法對自己說話。

當你看到兒童房散亂滿地的玩具，不要想：「這裡實在太亂了」你可以這麼想：「我的孩子們健康又活潑」；當你看到一個杯盤狼藉的廚房時，不要想：「我真是糟糕」，你可以這樣想：「我每天都有準備晚餐」；與其說「我怎麼整理都整理不好」，倒不如想「這個空間已經到達使用極限」，只要陳述事實，不要帶有道德批判，照顧好這個家之前，先穩固自己的內心。

接著列出實際改善的做法，解決現階段的需求，例如：「我需要告訴孩子玩具的分類，或帶著他一起去購買收納盒，有些不符合他年紀的玩具可以捨棄」、「我需要有足夠乾淨的碗盤和檯面來準備食物，我要清空水槽和瓦斯爐並倒垃圾，也許考慮添購洗碗機。」在行事曆寫上覺得需要改善或調整的事項，定期選擇幾項去完成它，這些事情並不是麻煩的家務事，而是為了照顧自己的需求，然後讓生活繼續前進。

不帶有批判，僅是想好可以怎麼做，不是為了證明自己是一百分的太太（媽媽），而是為了關愛自己，花一點時間維持家的基本功能，當你有需要時，讓你的家來照顧你。

我的每日照護工作

很多人以為我家天天要維持得像樣品屋，一定花很多時間在清理，其他家人可能也都被要求要努力配合，其實不盡然。

首先我家其實不像樣品屋，各處角落都有生活的痕跡，也沒有追求時時刻刻都完美無暇，相反地我每天花很少的時間做家事，對於自己不擅長也沒有興趣的清潔工作更是只達到基本需求即可，其他家人都有收藏自己喜歡或感興趣的物品，並不會刻意要求大家要保持少物。

我在維持公共空間的整齊時，有兩大重點是始終堅持的：其一是公共區域不放個人物品，其二是公共區域沒有不好看的東西。如果一定得出現就放在看不到的地方，比如抽屜內，所以公共區域可以很快速的收拾整理，常保清爽舒適的樣貌。

除此以外，接下來也分享我每天的家事流程，如果你從來沒有想過自己在維護這個家花了多少時間和心力，不妨也跟著寫下來，也許可以找到應該修正或減少的步驟，促使家的維護能更簡便有效率。

花少許時間做好家的日常照顧工作，確保家的基本功能順利運作，讓家隨時處於可以為你服務的狀態。

我的晨間家事

每天約 15 ～ 20 分鐘

早上起床，送小孩出門上學後，我大約花 15 ～ 20 分鐘將家裡做簡單的整理：

步驟 1 ▶ 淨空／3 分鐘

將床鋪上除了寢具以外的東西、地板上散落的物品、鞋櫃檯面的雜物、廚房檯面曬乾的鍋具等全部歸位，淨空檯面與地板，並把餐椅邊几抬到桌面上。

步驟 2 ▶ 清掃與消毒／3 分鐘

啟動掃拖機器人，趁它清掃的同時去刷洗浴廁，主要是刷馬桶和清潔洗手台，若地板有灰塵毛髮也順便擦拭，離開浴廁前按下無線臭氧清淨機，順便把垃圾打包提走。

步驟 3 ▶ 收碗／5 分鐘

將前一晚洗碗機洗好的碗盤鍋子收進櫥櫃，早餐吃的碗盤放入洗碗機待洗，清潔流理台並打包垃圾，若下午工作繁忙，沒有很多時間煮晚餐，就會利用這個時間先備料，但備料時間另外計算。

步驟 4 ▶ 倒垃圾／5 ～ 10 分鐘

我們家的社區有回收間，所以任何時間都可以倒垃圾，倒完垃圾順便領包裹或拿取外送食材，到此為止晨間家事就全部結束，我的家處於一整天都可以服務我的狀態，可以自在的獨處，也可以隨時接待訪客。

我的夜間家事

每天約 20 ～ 30 分鐘

這部分是除了下廚以外的家事，從晚餐後開始，大約花費 20 ～ 30 分鐘：

步驟 1 ▶ **洗碗／ 5 ～ 10 分鐘**

包含將碗盤放入洗碗機、清洗無法入洗碗機的鍋具和餐具，例如：鑄鐵鍋、鋁製品，但通常只有少數一兩種，接著擦拭餐桌、爐灶、流理台，及清理水槽、打包廚房垃圾。

步驟 2 ▶ **淨空／ 5 分鐘**

在孩子上床睡覺前和她們一起將自己拿出來的物品、玩具歸位，使公共區域淨空。

步驟 3 ▶ **洗衣／ 5 分鐘**

大家都洗完澡後，將不能烘乾的衣服裝入洗衣袋，然後再加上全部的髒衣服一起丟進洗衣機清潔，等到下個步驟將前一晚需要「折衣服」的衣服都完成時，洗衣程序也剛好結束。

步驟 4 ▶ **摺衣、晾衣／ 10 ～ 15 分鐘**

等孩子都睡著了，就是媽媽的悠閒時間，這時候我會打開電視，把前一晚晾乾、烘乾的衣服拿來沙發，邊看電視邊摺衣服，再收進衣櫃裡，等到摺完衣服，剛剛丟進洗衣機的衣服也洗好了，剛好可以晾衣、烘衣，到此夜間家事也全部結束，開始享受放鬆的夜晚。

另一半不配合整理收拾怎麼辦？

1．為什麼另一半需要配合？

分工不是意味著凡事講求公平，而是做自己擅長的部分

很多人都會主張，因為家是兩個人共同建立的，不只是一個人的家，所以應該要「分工合作」，但「分工合作」這一詞其實有很多的盲點，只要講到「分工」就覺得好像應該要講求公平，所以很容易把所有的家事都除以二，「如果有十件家事，我們就一人負責五件才公平。」

但其實**家人間的分工不是講求公平，而是請大家「做自己擅長的部分」**，如果一個家裡面，大家都從事自己擅長的部分，這個家所有事情的完成都會很有效率，大家的心情和環境也都能很快的整頓起來。

想想另一半擅長的部分是什麼？他是否也做得不錯呢？

每次我有手機、電腦相關的問題，有時只是很簡單的幾個動作，但3C白癡的我就是不會也不懂，為了避免越瞎忙問題越多，我絕對不會自己花時間處理，一定馬上拿去問先生，先生也會馬上放下手邊工作幫忙，通常短時間內都能順利解決，並且他也從來沒有不耐煩或嘲笑我「怎麼連這個都不會」，反而還會考慮是不是需要升級這些設備，讓我使用得更順手些。

又或者是家裡一些修繕相關的問題，例如：機器壞了、天花板長蜘蛛網、有螞蟻蟑螂出現需要驅蟲等，這些事我也一概不處理，直接去跟先生說，過不久就會看到他拿著工具修理、或是去管理室借梯子、去五金行買最有效的螞蟻藥，如果機器修不好就會掏出錢來買新的；家裡的事若只講求公平、平分，好似「連多做一點也不願意」的心態，當然會做得不甘願，但如果我們每個人都能做自己擅長的，那家裡的事情就會很容易完成，這不是平分，而是「各司其職」。在抱怨另一半都不配合整理收拾前，是否也能想想**「另一半擅長的部分是什麼？他是否也做得不錯呢？」**

如果有一些是大家都不太想做，或沒有所謂擅不擅長的事情，可以用其他考量來協調，例如：先生晚上會出門慢跑，可以順便倒垃圾；太太上班時間比較早，可以順便送小孩上學，但下班要趕著煮晚餐，所以先生負責去安親班接小孩回家。

如果兩人都覺得很麻煩、拖延著不去做，就只好忍受垃圾放到有味道或長果蠅，如果覺得接送小孩很花時間、困在車陣中很痛苦，那當初選擇學校、安親班和才藝課時，首要條件就應該是：「離家近」。

那麼如果大家都願意做自己擅長的部分，也都很願意體貼另一半，為什麼還是有很多時候會覺得累、覺得不甘願呢？

2．為什麼你覺得累？覺得不甘願？

因為似乎永遠都做不完

如果各位剛好是妻子或母親的身分，應該都對以下這樣的場景不陌生：晚餐後，你正在洗碗，你想起洗衣機裡還有一堆沒有晾的衣服，再不趕快把衣服晾起來，明天小孩上學會沒有制服穿；放眼過去，你看到客廳還有滿地小孩沒有收拾的玩具，這個時候發生了一件事情，你看到先生坐在沙發上準備打開電視，隨手把襪子脫下來，往地上一丟，已經滿肚子火的你，便生氣的破口大罵：「我都已經這麼忙了，你還給我亂丟!!」

仔細想想，我們是不是常常這樣講，或至少會這樣想，可追根究柢，我們在焦慮、生氣的，其實不是他丟襪子的那個動作，而是因為你覺得事情永遠都做不完，洗碗洗完了還要晾衣服、晾衣服完還要收玩具，還沒幫小孩檢查功課、洗澡刷牙，然後另一半只顧自己看電視，連一雙襪子都不願意放好。

但如果倒過來想，反正都做這麼多了，多收一雙襪子有差嗎？撿起那一雙襪子的時間，會比洗碗、收玩具花的時間還要多嗎？**我們在意的，不是那一個丟的動作，也不是因為這個行為有多麼罪大惡極，而是對方的心態**；我們會覺得累、覺得不甘願，並非不想做，而是腦海裡有太多未完成的事情，感覺似乎永遠也做不完，所以**我們要解決的是「永遠做不完」這件事情**。

少物才是王道

解決的根本之道不是去責怪對方，或是忍氣吞聲，而是要想想有什麼方法，可以讓這些事做得快一點、做得少一點。

很多人都會說：「三機救婚姻」，並非沒有道理，試想如果洗碗機幫忙分擔了三十分鐘洗碗的時間，那麼就可以利用這些時間完成收拾家裡、晾衣服的工作；如果小孩的玩具不會過多，且都有妥善的收納位置，就可以建立孩子自己物歸原位的好習慣；不用焦慮做不完，自然可以平心靜氣的告知先生：「該去幫孩子檢查功課了。」

把鞋櫃上方的鑰匙、皮夾、零錢放進抽屜裡——五秒鐘，接著將隨手放在餐椅上的外套掛到牆壁掛勾上——五秒鐘，撿起地上的襪子丟到洗衣籃——五秒鐘，把鞋子放進鞋櫃裡——五秒鐘，以上是每天先生回家後，我會做的事情，我並非鼓勵要當個老媽子把所有事情攬在身上，而是要告訴自己：不過是十幾二十秒的事，用不著在意，**整理收拾不是為了善後，而是為了取悅我自己**，如果花一點時間，可以換來整天的開心，也換來一個清爽舒適的家，何樂而不為呢？

物品多到空間不夠用時，就會覺得亂，事情多到時間不夠用時，就會覺得忙，忙亂的時候，看什麼都覺得心煩，要解決這種情況，整理物品是最容易做到且極有效率的方法。但有些人會問：「可是我很不會整理，怎麼辦？」

沒有學不會的整理，只有丟不完的東西

整理是絕對學得會做得到的事，你覺得自己不會整理，是因為這些過多的物品，或者是一些不好的動線就像一種無形的柵欄，你看不到它但又常常

被它絆倒，你覺得身處這個家彷彿窒礙難行，卻不曉得問題在哪裡，但當你開始學習整理，就會看到那些原本看不見的柵欄，進而排除這些阻礙，所以學習整理其實就是在學習區分，絕對沒有學不會的整理，**但是如果一直在亂買，你會有丟不完的東西。**

有時候，面對家人抱怨你不會整理，你的憤怒或焦慮，不是因為不會，而是在愧疚、在自責自己：「為何我那麼愛亂買？」「為何我那麼浪費？」

「對！有一些甚至大部分的物品和混亂，其實是我造成的，是我自己帶回來的。」物品不會有腳自己走到家裡來、小孩的玩具也不可能是他自己去商店買回來，或者去網路下單的，那堆塞到都變形的衣服，也不是自己跑來的，如果家人點出這個事實，你可能會馬上為自己辯護說：「又不是只有我的」、「你們的東西也很多啊」但我們心知肚明，必須要認清這樣的事實，才不會一直把砲口再對回去。

我們可以這麼想：「我是因為想要家裡更方便，才會買這些東西」、「我是因為想要廚藝更精進，才會買這些鍋子」，但並不是要把它當作藉口，然後合理化這些行為，如同阿德勒心理學的主張，要讓負面情緒轉變為正面的動力，「有這些物品並不會讓我更好」、「只單純擁有而不去好好地使用它們，不會讓生活更方便」、「我擁有這一件衣服，但我明明就穿不下，只擁有它並不會讓我變美麗」。

所以如果你的累、你的不甘願，是來自於你家真的很難整理，請先停止盲目又沒有邏輯的購物行為，**篩選家中物品，減少到可以控管的量，並收納在容易拿取和歸位的位置，才是治本之道。**那麼話說回來，有些人很認真在整理收納，也很重視家裡整潔，可為什麼還是經常因為整理收拾的事跟另一半爭吵呢？為什麼另一半不想配合呢？

3．為什麼另一半不想配合

因為整理完更難使用，更難收拾

曾經有位粉絲私訊我，她說自己是一個很喜歡整理收納，也希望家裡整齊乾淨的人，她不懂先生為什麼不配合，有時候還會很生氣，有一次她在先生出差的時候，興高采烈的幫他整理書桌和文件，結果先生返家後一句感謝的話都沒有，劈頭就罵：「你這樣收，害我都找不到了！」粉絲覺得既苦惱又灰心，這樣的狀況層出不窮，甚至有婚姻快要撐不下去的感覺。我問她：「你可以拍一下是怎麼幫先生整理書桌的嗎？」她一邊抱怨先生文件都亂丟，一邊上傳照片，「我想說學老師買無印良品的斜口檔案盒，全部丟進去，然後背面朝外，這樣不是很清爽嗎？」

真是不妙，我問：「但那是他常用的文件吧！」

「應該是。」

「是很多單張的紙張嗎？」

「對呀！」

「那你這樣把它們全部丟進去，要叫他怎麼找？」

真相大白，她所謂的收納，只是在幫自己「圖個眼不見為淨就好」，並沒有為使用者著想，那些常用的單張文件，應該適合資料夾或是風琴夾來歸檔收納，我之所以會用斜口檔案盒，是因為我收納的是少用的教材，是一本本的琴譜，不能只考慮到美觀，而把實用放在一邊。

所以**如果要幫家人整理，應該要能站在使用者立場去規畫，不體貼、不親切的收納，會讓家人覺得更不方便，因此抗拒你幫他整理，也抗拒改變**，請重視整理後家人取用的方便性，若有整理到他人會使用的物品，切勿擅自丟棄，一定要告知更動後的收納處，最好貼上標籤，並常常一起討論。

因為做了也沒差

不是他做得不好，而是你們家的狀況不是三天兩頭花個十幾分鐘收拾就會改變的，他也幫忙，也配合了，但做完之後環境沒差還是一樣亂，氣氛沒差還是被嫌棄，所以他會想「乾脆以後不要做了，反正做了也沒差。」

因為不曉得怎麼配合

要知道另外一半如果不擅長整理收拾這些事情，那他的能力跟小孩是沒什麼兩樣的，可能還更差，因為小孩至少都很清楚知道自己的東西放哪裡，可是先生並不知道，所以當你想要他配合的時候，應該是直接指明：「請你做什麼」，或者是「把那個東西做怎樣的處理」，而不要只是很籠統地說：「你去收一收」、「你東西去整理一下」。

4．你希望另一半配合什麼？

很多先生都不知道太太到底在生氣什麼，太太說：「ㄟ，那些東西去整理一下。」先生聽完就走去雜物堆，翻開來，再默默地蓋起來，為什麼呢？

因為他從來就不做這件事情，連比較會去整理收拾的人，看到一堆雜物都會瞬間愣住，更何況是平常很少整理的人呢？所以當然就默默地蓋起來、推回去，然後你就會定義他「怎麼都不做」、「為何一直拖延」，其實是因為他根本不曉得怎麼配合。

直接告訴另一半你要他怎麼做

所以最好的方法是陪伴整理，或是示範給他看，在過程中有可能他會認為自己的物品管控權被侵犯而感到不安，你可能會碰幾次釘子，但不要放棄，溫柔而又堅定的告訴他你不會擅自決定，只是想要協助和幫忙，繼續做，他會理解的。

若有一些你在整理收拾上無法接受的「地雷」，要確實告知另一半，比如不要在找不到東西的時候，去責怪主要整理者「你是不是把我的東西丟掉了？」真的很忙碌的時候，就誠實地告知另一半自己的需求，而不要只是情緒性的埋怨。

「請你幫忙去幫小孩洗澡。」
「請把地墊上的東西收起來，小孩要來客廳玩。」
「客人快到了，要把碗筷擺出來喔！」

你想要另外一半配合的，不是他做的內容，而是他的態度，**你並非一定要他配合什麼，而是需要他能夠理解：你在忙什麼？你在努力什麼？**你需要他理解你很想要這個家更好，所以你很努力的在幫這個家做很多事情。

先要同心，才能同行

我曾經問先生一個問題：「你覺得一般夫妻會因為家事或家裡雜亂而爭吵，這是誰的責任？」他是這麼回答的：「兩方都有責任，但是先生不能理所當然的覺得自己只負責在外的事業打拼，而家裡是太太負責的，這是封建過時的想法，**兩個人的觀念要先同步同調後，才能同心同行，從根本上改變家裡外在的樣貌與內在的氣氛。**」

聽完後，我覺得我們兩個的想法在這一點幾乎是百分之百相同，這是兩個人的家，所以兩方都有責任，可是那個責任不是把它一分為二，或者去指責誰不負責，而是我們得先真實了解雙方的心意和善意後，才能夠互為幫手，同心且同行。

家人間的觀念要先同步同調後，才能同心同行，從根本上改變家裡外在的樣貌與內在的氣氛。

心流

所謂的專注，就是把一件事做到上癮

雖然從小學鋼琴，但記憶中我一直到將近二十歲，才真正打從心底感受到練琴的喜悅與滿足，那是在我為了準備獨奏音樂會，每天投入大量時間、有明確目的練琴的階段。

碰巧我的指導教授在那時候結婚去了，請了近兩個月的長假，雖有代課老師，但面對長達一個小時的獨奏曲目，我仍是心驚膽顫，準備期間常緊張到睡不著覺。我的摯友是個非常認真踏實的學生，有著許多我不知道的練琴的方法，與她相比，我常因為視譜很快，靠著這個小聰明蒙混過關，所以當我向她傾訴我的煩惱，她很認真地幫我設計了一系列的練習進度，告訴我只要練就對了。

從那時候開始，扣除學校有課的時間以外，我們兩個就是相約到學校琴房，一人一間，然後她會問我哪裡有問題。

如果我說：「這裡彈快手很痠。」

她就會給我一個解決方法：「去慢練單手和合手各五十次，每次節拍器速度加一，注意手肘和肩膀有沒有放鬆。」

「這裡的快速音群我彈不平均。」

「可以改成附點節奏或重音練習，每種各三十次，等一下練完來找我驗收。」

我們就這樣每天至少六至八小時的待在琴房內，不厭其煩的練習，原本我還有點半信半疑「這樣練就有效了嗎？」在問題一個個被解決後，終於體會到以前自誇對彈琴很有興趣，其實都是說大話，**要能忍受枯燥嚴謹的過程，才能成為興趣**，「如果沒辦法好好地做，寧可選擇不做。」

自此之後，練琴對我而言，就是**「既然要做，就要開心地做」**，從做中學，越發覺得有趣，是人生一大樂事，在專注的那段時間，完全沒有感受到那些悄悄流逝的時光，只有一次又一次征服挑戰的成就感和滿足感。

又過了將近二十年，原以為除了音樂，我沒有其他特殊長才，但在「整理」這件事上竟也有同樣的感受，每次整理自己的家，都可以專注到廢寢忘食，終於解決了空間上令人困擾的問題時，那種欣喜和成就感並不亞於完成了一場演奏，我用近四十年的時間，一邊慢慢長大，一邊慢慢感受，學會欣賞「音樂」與「整理家裡」，彈琴和整理是我最愛的兩件事，我可以做上一輩子。

偶然的機會，聽到「心流」這樣的現象，匈牙利心理學者米哈里教授在一九七五年首次發表了關於「心流」的研究。

他提到，心流是一種高度專注且投入的精神狀態，讓人在全神貫注的過程中忘卻外界干擾，包括時間、飢餓、睡眠等所有不相關的身體訊號，並且效率與創造力都大幅提升。即使結束後身體感到疲憊，開始感到口渴、肚子餓，但精神依舊很好，心情也很愉快，彷彿補充了能量。

知道了這個現象後，我覺得萬分幸運，能引領我有「心流」感受的，竟是我畢生所學，也恰巧是我的工作，這代表我可以學以致用，並且工作時也能樂在其中，而整理後的成果又與我每日的生活息息相關，只能說何其有幸。

如何進入心流

在日常生活中，若能重複且規律地進入「心流」狀態，會帶來許多好處，例如：能更投入、更專注，連帶的提升生活品質，或相對容易產生幸福感，保持正向的人生態度，或許我們都可以練習從目前的生活中，尋找讓自己感受「心流」的事情，我從其他相關文章的探討並結合自己的經驗，歸納出幾個必要條件：

條件1：必須是自己本來就擅長，或是有興趣的事情

與其跳脫舒適圈，倒不如在目前的舒適圈往下扎根，或往外拓展，例如：彈琴是我的舒適圈，我可以往下扎根，把曲目練得更純熟，也可以往外拓展，去學習作曲或其他樂器，但若勉強自己跳脫到另一個不相關的陌生領域，反而因為不得要領無法放心投入。

條件2：必須先設定目標，過程帶有些挑戰性，但又不會太困難

如第一點所言，因為本來就擅長，所以會想要更精進，挑戰自己目前能完成的限度，也因為熟悉每個環節，可以比較精準的設定目標，簡單來說，就是「有點難，又不會太難」。

條件3：一個階段目標完成時，會有立即的反饋

沉浸於藝術或手作類的練習，例如：畫畫、舞蹈、插花、裁縫等，常常會投入到忘了時間，這是因為我們確知在努力一段時間後，它會有一個明確的反饋，也就是能帶來成就感的「作品」，如果你預計要做的事情，也能有

階段性的反饋，就能支撐你持續長遠的努力下去。

條件4：做這件事情時，盡量遠離手機、電視和3C，確保能持續專注

3C產品是時間小偷，總是趁虛而入，打亂我們的步調且默默的占據我們的思緒，所以在需要高度專注時，我會盡量避免使用手機，也不打開影片或電視，但會播放能幫助我放鬆心情的輕音樂或詩歌，如果很難克制不開手機，可以設置手機下載的「番茄鐘」軟體提醒自己，在計時的這段時間內不要去打開手機，等到休息時間才能使用。

條件5：雖全心投入，但仍要確保不會忘記初衷，也就是照顧自己

專注固然好，但若因此廢寢忘食，身體不舒服也不以為意，久而久之演變為過度的「執著」與「堅持己見」，我想這並不是我們樂見的結果，所以在投注喜歡的事物時，一定要常常自省，是否偏離了原本的初衷，想要過上更理想的生活，就一定不能忘記要好好照顧自己。

彈琴和整理的共同點

許多人對於我的本業是鋼琴老師，中年卻斜槓成為整理師感到好奇，我自己分析後發現，這兩個看似完全不相干的領域，其實有很多共同之處。

- **需要專注：** 要長時間的動手和動腦，因此需要極度專注。
- **需要長時間練習：** 從完全新手到遊刃有餘，都需累積長時間練習並吸取經驗。
- **需要持之以恆：** 在練習過程中其實困難重重，堅持下去才會達成目標。
- **需要有對美的感知：** 不只彈琴和整理，許多領域的學習都是在感受生活中的各種美，聽覺的、視覺的、味覺的……對美無感的人肯定學習得很辛苦。
- **需要自省：** 彈琴和整理都有大量的獨處時間，在過程中與自己對話，常常需要推翻自己先前的想法，重新認清自己不足之處。

・**需要找出問題的解決方法：**音彈錯了要問自己為什麼？可以再怎麼練？空間又亂了也要問問自己為什麼？還可以怎麼整理？自己不知道的，就向外索求答案。

・**需要不斷嘗試：**找到可能的方法後，一試再試，直到問題解決為止，練琴和整理都沒有捷徑，動起來就對了。

・**都有無限可能：**要把曲子彈好，需要專注思考的大腦、機靈敏銳的手指（有時還要加上腳）、敞開聆聽的耳朵、觀察細節的眼睛，最重要的是一顆善於感受的心；所以學習音樂也可以磨練觀察力與感受力，整理也是這樣，如果能擁有這些能力，未來的人生就有無限可能。

・**沒有最好，只有更好：**有時翻閱幾年前家裡的照片，就會發現有些空間和物品不一樣了，「現在這樣擺更好看！」「後來買的比之前的好用多了！」「我以前怎麼會喜歡完全沒有色彩的空間呢？」即便當下覺得已經夠好了，但一段時間過後又會有新的發現，重複整理的過程中，體會到阿德勒心理學所言：「當你覺得自己不夠好的時候，代表你即將要更好了」，所以坦然接受自己的不足之處，繼續努力吧！

・**它們都讓我感到充實：**有好幾年的時間，每週都要搭車奔波到教授家，懷抱著忐忑緊張的心情上課，但只要當週有下苦功練習，上完課身心都如同被充飽電一般，滿足又充實，每次到府整理，也有著一樣的感覺。

・**它們都帶給我更美好的生活：**學習彈琴和整理，不只改變了我自己，也影響了其他人，也許是家人朋友、學生客戶、粉絲或讀者，讓更多人喜歡音樂、重視生活品質、了解自己並樂在其中。

・**它們都是愛的語言：**美麗的空間和音樂都有感染力，身處其中能感受到幸福，是超越文字的語言，是愛之語。

自從撰寫這本書的工作緊鑼密鼓的展開後，我常常一寫就是好幾個小時，完成作品後一邊帶著欣喜，一邊反覆檢視咀嚼文章內容，這種充實富足的感受，好像也是一種心流，看來往後數十年間，又多了一項可以做一輩子的事。

美麗的空間和音樂都有感染力，身處其中能感受到幸福，是超越文字的語言，是愛之語。

最好的標準就是討自己喜歡

小時候選玩具、選朋友，長大後選學校、選工作、選對象，結婚後選擇住居、幫孩子選學校、選才藝，再加上日常生活中的各種消費行為，其實都是在反覆問自己：「我喜歡什麼？」如果選擇的標準裡沒有自己，都是為了滿足或遷就他人，那麼很可能潛藏著隱忍、委屈，如果你的選擇是為了贏過別人，參雜著不安與不甘，長時間下來對內心會造成極大的危害，所以面對選擇時，最好的標準應該是：「討自己喜歡」。

「你喜歡什麼呢？」如果很難回答，也可以先反過來思考：「你不喜歡什麼呢？」每一件事情都有一體兩面，若將同一件事反過來思考，常常會有意外的收穫；大家都聽過「眼不見為淨，耳不聽為清」，意思大概是說「雖然心裡不以為然，但又沒有辦法，只好撇開不管」，在本篇文章中，我想以另外一個觀點來詮釋這幾句話，它們也是構築我的生活中，感到被滿足時所仰賴的標準：「眼見為淨、耳聽為清、鮮衣美食、怡然自得」。

眼見為淨

「眼睛看到的，要是好看的」，我的選物標準是「寧缺勿濫」，每天從早到晚會用到的物品，盡量選擇「好用也好看」的東西，盥洗用的牙刷毛巾、洗手乳、沐浴乳，吃飯會用到的餐具碗盤、茶杯水壺，家事打掃會用到的掃把、抹布、菜瓜布、清潔劑、臉盆和水瓢等，收納用的籃子、盒子、袋子，這些充斥在家中各角落的生活用品，先是選擇好用且符合需求，再來是考慮好不好看，如果真的找不到好看的，就姑且藏在櫃子抽屜內。而無法隱藏的桌椅沙發、床單窗簾，還有各種常見的家電，客廳的吸塵器、電扇、除濕機，廚房的冰箱、烤箱、熱水壺，**寧可沒有，也不要醜的東西。**如果真的很需要，就絕對找得到，即便成本稍高，只要能力所及我也樂意，因為換來的是無價風景。

這麼說來，也許有人會認為要打造一個有美感的家，是不是門檻稍嫌太高、太不切實際呢？其實關鍵在於「留白」和「品質」，空間的使用在視覺上要協調，就一定要做到「留白」，**懂得留白的空間就是懂得取捨，選擇最好最美的，而不是什麼都要放**，擁有上乘美感的物品，只要少少幾件就足夠。而為了留白，只能嚴選有限的物品，必然會重視品質，品質好的物品功能完善、耐久經用，不會輕易損壞，也用不著常常更換重複購買，時間拉遠來看反而節省開銷，減少來回挑選比較的麻煩；留白的空間讓人覺得充滿餘裕，因為眼睛看到的都是精挑細選的、都是喜歡的，所以感到舒適且滿足。

耳聽為清

「耳朵聽到的，就要是悅耳的」，我很喜歡音樂，做任何事身邊都會伴隨著音樂，工作時聽輕音樂、獨處時聽詩歌、小孩玩耍時放兒歌、搭車出遊時播放輕快的舞曲，那是因為我預期到聽著音樂能讓我心情平靜、思緒更專注，特別是寫文章或閱讀的時候，只要一打開音樂，我可以很快進入專注的模式。

全家人共處一室，有時一個空間充斥著各種聲音：小孩聽故事或看電視的聲音、爸爸聽著快轉 YouTube 影片的聲音，加上姊妹倆時不時吵架、吵輸的妹妹尖叫的聲音，心中不知不覺升起煩躁感，如果此時為了發洩的我再吼上幾聲，那麼這個晚上氣氛就僵住了，意識到自己不喜歡也無法忍受吵雜聲音，而眼睛看到不好看的可以收起來，但耳朵聽到不想聽的卻無法關上不聽，這時候我會開始做家事轉移注意力，快速的在家中各處移動，把雜物收拾整齊，耳聽不清時起碼眼見為淨。

鮮衣美食

鮮衣美食指的並非華麗的衣裳或昂貴的大餐，而是**「穿了為自己增色的衣服，吃了讓身心舒暢的食物」**，看看衣櫥裡那些十幾二十年前的舊衣服，不是衣服的狀況不好就是穿的人狀態不好，衣服狀況不好的，穿上後廉價感和土味盡現，就算衣服的狀況還很新，但二十年過去了，臉上長斑、長皺紋、肚皮鬆了，身體各處都有贅肉，就不要再用穿不出當時美感的衣服來懲罰自己了。所謂的「鮮衣」指的就是當下最能展現你的個人品味、穿上後會為你增色的衣服，每個年紀適合的款式、剪裁、顏色都不同，與其硬留著不適合的衣服，倒不如好好了解現在的你適合什麼。

讓身心舒暢的食物和純粹是喜歡的食物不一定相同，比方我也很喜歡吃燒烤、炸雞、麻辣鍋，這類的食物吃的當下很過癮，但全下肚後並不舒服，還會因此腸胃不通暢，真的讓身心舒暢的食物其實跟簡約空間很類似，簡單不複雜、沒有過多調味（裝飾）、只吃七分飽（留白），雖說如此但罪惡的美食還是令人無法抗拒，沒辦法全部不吃的話就從減少開始，減少吃這些食物的次數和數量，等到身體慢慢習慣，喜歡和適合也會慢慢變得一致。

怡然自得

要練習討自己喜歡，可以先從練習「獨處」開始，並非獨自一人就可稱為獨處，只要當下是有刻意的「專注在自己身上」，即便身旁有其他人，也可視為獨處。

獨處的時候不必迎合別人喜好、不用討好別人、不用跟別人比較，只要傾聽自己內心真正的聲音來做決定，不需要爭論、也不需找理由說服自己妥協，所以感覺愜意自在；可以隨心所欲的獨處、怡然自得，就是一種討自己喜歡。

在每個人的生命中，最需要重視的人是自己，當你的意見想法被自己牢牢地認同與接收後，心境上會有一種「停止追尋，感覺到被滿足」的變化，這時候可以很有自信的回答：「是的，這就是我的選擇。」

所有的學習，都是為了更了解自己

一直以來對於「了解自己」算是有自信的，喜歡什麼風格、什麼顏色、什麼氣味、什麼觸感，選擇要穿什麼、吃什麼、用什麼、看什麼，似乎都沒有太多困擾，所以一開始報名個人風格的色彩研習課程，老實說是抱持著讓老師「幫我自己設定的結論背書」這樣的想法去的，沒想到僅是兩個半小時的課程，卻感覺不斷被打臉，我以為的自己，原來不是真正的自己。

用色彩測試認識自己

自以為的我

風格穿搭的書看過好幾本，我很確定自己的骨架身材，所以能穿出比真實體重減五公斤的樣子，但對於個人適合的四季色彩卻怎麼看都沒有把握，隨著年紀增長，膚色改變、斑點也變多，越來越不確定自己適合什麼顏色的衣服，倒果為因，從衣櫃裡的衣服和化妝盒的彩妝顏色，得到一個自以為的結論——我是秋季色彩。

真實情況裡的我

上課當天卸了妝，在鏡子前讓老師用一塊塊的色布來測試時，很明顯的我的臉在冷色調顯白，暖色調顯黃，加上清濁屬性、明度高低的色彩測試結果，我得到了一個完全不同的結論——原來我是冬季色彩！

這是一個在各條件都幾乎相反的結果，我的衣櫃都是偏暖色的大地色系、也喜歡灰藍、灰綠等莫蘭迪色系、飾品喜歡金色系，目前的衣服沒有任何一件單品是冬季色彩屬性！

為什麼產生落差

左思右想為何會有這樣的落差，職業病的我喜歡探究原因、系統歸納，於是整理出以下三點：

1．喜歡的，不一定是適合的

這跟篩選物品的概念很類似，我們以為很喜歡的物品，其實不適合自己的習慣、個性，用了幾次就不想再用了，物品也就因此束之高閣。難怪有些衣服，買的當下明明都是喜歡的不得了，但一旦到手後每次穿上都不滿意，總覺得怎麼看都跟當初在店裡穿的感覺不一樣，幾次之後就再也不想穿了。

年輕時有一陣子覺得鄉村風的空間好可愛，但要打造鄉村風免不了要添購些可愛的小物件，而這些當初以裝飾為由而購入的物品，過了一陣子就因為懶得擦拭、清潔而蒙上一層灰，淪為不中看也不中用的雜物。

後來轉而喜歡日式雜貨風，只要栽種一些小盆栽，清新的綠意就能妝點整個家，應該更容易打造吧！事實上那時的租屋處上午根本照不到陽光，而我不是很多天忘了澆水，就是猛然想起來去澆了一堆水，這些盆栽就這樣栽在我手上，全部都死光了，所以即便我很喜歡植物，但在當時的那個家卻一點也不適合。

這些生活經驗都讓我意識到原來**「喜歡」跟「適合」不一定會一致，生活中的「想要」也常常不等於「需要」**，這種情況頻繁出現時，也代表我們還不太了解自己，當然很難做出正確的選擇。

2．美化後，缺點也會被遮掩

習慣每天上妝的我，覺得氣色不好就頻繁補妝，過度依賴有潤色效果的隔離霜，因為美化過，反而買衣服時沒辦法真的看清楚哪些顏色適合自己，真正適合自己的顏色，就是要沒有任何美化效果的情形下，也能幫自己增色襯托的才對。

這就好比很多人家裡有異味時不去找氣味的源頭，反而狂噴芳香劑，或是身體不舒服時不去休息看醫生，只吃成藥了事的做法如出一轍，做表面功夫卻忽視根本的原因，從只是有異味衍生成發霉或長蟲，從原本的小感冒惡化為其他併發症等，長久下來反而累積更難以處理的問題。

3．不能只看局部，要看全貌

過去我仰賴自己的膚色來判斷適合的色彩，但老師告訴我們還要依照每個人的輪廓、膚質、髮色及臉上的斑點毛孔做全面的考量，且光知道色彩還不夠，衣服除了色彩還有剪裁、質料的問題，必須要學習個人風格才能做更完善的搭配。

這跟《斷捨離》作者山下英子提及的「俯瞰力」很類似，只看局部會有盲點，看到亂就收拾、看到東西多就丟，看不到更深層的原因、更全面的做法，生活就會在重複的混亂、錯誤的選擇中不斷循環。

所有的學習都是為了更了解自己

所以每一次的學習，除了帶來知識上的衝擊，更重要的是能更認識自己、了解自己，進而修正自己，成為更好的樣子。學習會有這樣的收穫，整理也有這樣的功能，你的樣子是如此，家的樣子也是如此。

所有的美與協調，無論是創作或是領略，都要避免只聚焦局部，而是要詳細觀看全貌。

整理一定要丟東西嗎？

某次講座結束後，從 E-MAIL 回信中統計疑難解答的詢問，其中有個問題非常吸引我：「老婆想斷捨離，我不想配合怎麼辦？」看起來應該是一位陪同太太來參與講座的先生詢問的問題，也看得出來他們夫妻間在整理上存在許多矛盾或意見的分歧，然而這也的確是很多家庭都會有的狀況，不知道正在觀看此文的你又是如何看待這個問題的呢？

清官難斷家務事，這個問題不會有標準答案，每個家庭適用的方法也不同，但我們可以抽絲剝繭來探究這個問題背後真正的含意，我在講座中給這位先生提供了三個思考的方向：

①為什麼你不想斷捨離？

②為什麼太太想斷捨離？

③你們現在共同一致的目標是什麼呢？

為什麼你不想斷捨離？

我想斷捨離應該被這位先生解讀為「丟東西」的代名詞，由此可知現今的他是抗拒捨棄物品的，明明知道沒有在用的物品，卻仍讓你想留在家裡的原因是什麼呢？是不是曾有被太太隨意丟棄自己物品的不好經驗？是不是曾被迫要取捨某些自己還很鍾愛的東西？是不是太太把家裡凌亂的責任歸咎為先生不丟東西，但太太自己還是不斷地買東西呢？

又或者是，你擔心捨棄了物品會導致不好的後果，生活會不方便、要用的時候會買不到、花很多錢買的丟了很可惜等，**是不是感覺你對物品好像喪失主導權，被迫要做決定讓你不太好受呢？**

為什麼太太想斷捨離？

夫妻長時間相處，很多價值觀或看法都會互相影響，但在整理這件事情上的看法卻是大相逕庭，有沒有問過太太，為什麼想要捨棄物品呢？

是因為她發現家裡物品真的太多了，多到超出她能管理的數量，甚至有些自責？又或是太太曾經感受過整理後帶來的優點，所以希望你一起跟進？還是太太沒有時間或不想花太多時間來整理家裡，丟東西似乎是最快的途徑？**太太或許把整理、做家務事視為一種愛的語言，她也許認為打造一個舒適的空間，是對自己、對丈夫、對孩子愛的表現？**

你們現在共同一致的目標是什麼？

列出你們現在共同一致的目標，有沒有和「整理」這件事相關的呢？如果有，那麼**「適度的取捨和精簡物品」就會是達成這些目標需要的方法之一，**它不能只是單方的努力，而是夫妻雙方都必須正視且達成共識。

例如：希望孩子能健康安全的成長，那麼是不是就需要打造一個舒適清爽的家呢？希望能存下更多的錢，那麼是不是就要整理物品、檢視過往的消費習慣呢？希望能有多餘的空間和時間來念書進修考取執照，以利工作的升遷，那麼是不是要清出已經變成儲藏室的書房，贏回一些以往被物品占據的空間呢？

整理的目的不是為了丟東西

如果仔細探究背後原因，就會發現這些發生在家裡的問題，很少沒有跟「整理」扯上邊的，生活中一些看似雞毛蒜皮的小事、一些眼前的小麻煩，就是讓家人們產生爭執嫌隙、漸漸演變成日後的大麻煩，然而更大的麻煩是不了解甚至誤解，對方要這麼做或不這麼做的原因，太太以為先生不想丟東西是因為很念舊，其實他只是不想「被你要求去丟東西」；先生以為太太看自己的東西很不順眼、不尊重人，其實太太只是很想要把家裡打造的跟你稱讚過的飯店一樣舒適。

整理的目的不是為了丟東西，就像減肥的目的不是為了餓肚子、理財的目的不是為了記帳一樣，少吃、記帳都只是達到目的的方法。

「空間」和「物品」原是相斥的，你擁有的物品越多，能使用的空間就越少，「懶得花時間整理」和「不想要減少物品」這兩點也是相斥的，不想花時間整理，那就不要留下那麼多物品，什麼東西都想要留下，那就花時間好好管理它們，不能又要馬兒好，又要馬兒不吃草，你不能要求另一半把家裡打理得一塵不染，但自己又一樣東西也不願意丟，家務事也不出力，小心這樣日子久了，令人困擾的問題就會變成：「另一半想斷捨離我，不想要配合怎麼辦？」

標點符號換個位置放，結果可就差多了。

整理的目的不是為了丟東西，捨棄物品也不是浪費，而是為了贏回舒適清爽的空間，是藉由整理來表達對家的關懷與愛。

你家也是既乾淨又凌亂嗎？

我曾經到訪的家庭中，常見的例子都是「亂」卻「不髒」，東西可能很多、空間很擁擠雜亂，但其實也很注重整潔乾淨、不能有灰塵髒汙，於是產生了一連串有趣又矛盾的現象。

大掃除的弔詭

我自己的娘家就是如此，媽媽每年都花上好幾天，很認真的在大掃除，拆掉所有窗戶刷洗、清洗曝曬每一條棉被床單，刷抽油煙機、廚房磁磚，但說實話，其實看不出來空間有什麼變化；放眼望去，落地窗邊仍然塞滿家具，家裡明明只剩兩老卻有一堆很占空間的桌椅板凳，走路都要小心避開才不會撞到；床單棉被很乾淨，但床邊擺著二十年沒動的書籍刊物，只要不小心碰到一下就有灰塵散落空氣中；廚房每個抽屜櫃子都擺滿東西，很舊卻仍捨不得丟的鍋子只好擺在地上；碗盤清洗得很乾淨，但大家常常找不到湯匙筷子、餐桌茶几常吸引來螞蟻、果蠅，惹得小孩哇哇叫，卻找不到源頭可以一舉殲滅。如果我們想要協助整理，媽媽會強調自己都有在打掃，堅持這個那個還能用，爸爸更是焦慮我們會亂丟他東西，說很多家具物品他都很有感情，我們不會懂。所以一年一年過去了，隨著家中成員增加，每次回娘家也覺得越來越擁擠，對年紀漸長的父母來說，這樣的環境也越來越不安全了。

我自己的家住了十年，卻沒有大掃除過，但我會不定期的篩選物品，如果家裡讓我感覺不舒適，我不會急著打掃，而是先移除雜物、找出亂源，最後才是清掃、丟垃圾，所以能很快地將空間復原。

也許這是以往大家對大掃除的迷思，空間的維護，不僅僅是清潔乾淨而已，更要先「整理物品」，清潔才能做到位。一方面精簡空間裡的物品，一方面建構便利的收納系統，讓家裡常保清爽的樣貌，清潔工作就能迅速完成。試想，擦桌子時不用移除上頭的雜物、刷廁所時不用挪開一堆瓶瓶罐罐、掃地和拖地時不用搬走亂丟的紙箱紙袋，再想像一下，如果空間內沒有剛剛那些讓人煩躁的現象，就算有一點灰塵，是不是也沒那麼令人難以忍受呢？

你家也是既乾淨又凌亂嗎？

如同「既乾淨又凌亂」的現象一樣，我們要思考的是自己在整理上是否有「矛盾」之處，抓小放大、過度追求枝微末節，卻忽略了要優先處理的部分，有些家庭並非不重視環境，他們花很多的時間在維護與清潔，卻依舊感受不到在家裡的鬆弛感，總覺得還有什麼沒做到，又或者一直想不通明明做了很多家事，怎麼還是達不到清爽的目標呢？也許藉由以下的分享能找出問題的癥結點，並做出有效的調整與改變。

現象1：一邊堆積雜物、一邊不停的使用吸塵器

很多人的家都有掃地機器人，但因為堆積太多東西在地板而無法使用，所以很仔細地拿著無線吸塵器，走到哪就吸到哪，這樣的人即便想整理物品，通常也無法專注，因為只要一看到地上有灰塵，就會堅持停下手邊工作把灰塵吸乾淨，但幾分鐘過後又因為把櫃子內蒙上一層灰的雜物下架篩選，地板再度堆滿灰塵，於是無心整理，開始焦慮的到處擦地板，整日做白工。

現象2：廚房檯面亂到沒有位置備料，但卻會很認真的把每個塑膠袋折成三角形

常合併發生的情況還有：衣櫥外有許多衣服披披掛掛，床幾乎被衣服淹沒，但抽屜內的衣服卻折的像豆干一樣漂亮；每個收納櫃都有凌亂的紙張、文件，但統一發票卻能用風琴夾，按照號碼排放得整整齊齊；照理說這些細節都顧到了，應該更能看到雜亂才是，但他們似乎只挑想做的小事去達成，不去看更大面積的事情，這些看似很特別的景象，其實並不少見。

現象3：穿過的衣服堅持不能放回衣櫥，但十年沒穿的衣服卻仍舊放在衣櫥

穿過的衣服基於衛生的考量不想放回衣櫥，是可以理解的，這個現象主要的問題之一在於：**「拖延不處理」**，理想的方法是穿過的衣服經過一兩天，確定沒有要穿，就放到洗衣籃中準備送洗，但大部分的人卻開始一件又一件懸掛「穿過一次沒有要洗的衣服」，一直到掛勾不勝負荷為止。

這個現象衍伸的第二個問題在於：如果穿過的衣服會令我們難以忍受，那麼**為什麼你可以忍受放了十年都沒動過的衣服，和你每天都在穿的衣服放在一起呢？**

現象4：想讓家人認同並體會整理的美好，但一看到家人東西亂丟就大發雷霆

一方面想說服家人一起斷捨離、體會整理的美好，但又無法忍受家人不捨棄物品，或不把東西歸位，只要看到家人沒有好好配合就大發雷霆，家人

們應該會覺得如果結果是這樣，當初乾脆不要整理算了。

練習俯瞰力

俯瞰力指的是「像從高處看事物一樣，掌握整體情況，客觀的理解重點的能力」，所下的決策不僅是短期的利益，還要從長遠的角度來判斷；所以判斷事情不能只從一部分，還要能從整體來看，運用在整理上，就是「退後一步，放眼觀看全體」。

一個有些許灰塵的簡約宅，和一個雖然地板乾淨卻雜亂到像倉庫的空間，你想要選哪一個呢？把雜物清空讓掃地機器人為你工作，地板一樣可以清乾淨，還省去了你自己來回打掃的時間。

為了讓家人有更舒適的日常，你花了好多時間清潔地板上的頭髮，但家人一回家就抱怨沙發都是衣服和包包，沒位置可坐，如果把時間拿來清出空間，沙發有位置可坐、廚房有位置備料、床有位置睡覺，你付出的時間是不是更符合家人的需求呢？相同的，從長遠的角度來思考，囤積不穿的衣服遠比穿了沒洗的衣服更有害、更需要優先處理；而常常大發雷霆的你，需要從俯瞰的角度來想想，眼前的煩躁是來自被空間和時間壓到喘不過氣的壓力，而非一件小孩亂丟的玩具。

仔細觀察，就會發現「既乾淨又凌亂」的空間比比皆是，而且只要幾天不打掃就會變成「骯髒又凌亂」，但是「整齊清爽卻骯髒」的家我至今沒有看過，相反的，簡約之家通常不需要花太多時間打掃清潔，所以能長久維持，你的家也是「既乾淨又凌亂」嗎？如果你為此感到煩惱，是時候做出改變了，透過從寬廣的視角來看待這些困擾，也許可以得到新的觀點，鍛鍊更綜觀全局的能力。

以俯瞰的視角來看整個家、整個空間，以俯瞰的觀點來規畫家務的動線、時間的運用，更全面的掌握你的家、你的生活。

分離是大自然的定律

如果今天是你生命中的最後一天，你會怎麼過呢？

這一生，你想留下什麼？

幾年前，太魯閣號火車出軌意外，造成重大的傷亡，看著新聞報導中令人震驚的事件，隨著數字的攀升，心頭揪了好幾回，打開手機，看到傷亡名單，不由自主點下去想一探究竟，沒有看到熟識的名字，卻看到更讓人傷心的敘述：

「女性，待查，頭顱破損無法辨識。」

「性別不詳，僅下半身。」

人在面臨死亡時，不僅什麼都帶不走，連想要留下的，都可能無法如願。

那麼，如果是我，我想要留下什麼給我的家人呢？

鋼琴課有一對兄弟檔學生，因為父母工作無法接送，每次都是阿嬤帶他們坐公車或計程車來上課，阿嬤常常稱讚我：「老師你好厲害，有小孩家裡還這麼乾淨，你很會收捏。」幾次聊天後，阿嬤也大概了解「精簡」、「少物」這些我整理時的基本原則。

後來有大約兩個月，阿嬤都沒有出現，再次見面時，阿嬤表示她最近忙著幫她的妹妹辦後事，又說道妹妹家裡有著堆積如山的東西，妹妹的女兒前幾天跑來找她，哭著說道：「阿姨，房子我已經整理了一個禮拜都整理不完，媽媽的東西丟了不是，留也不是，我好痛苦，怎麼辦……」

阿嬤心疼外甥女，面對媽媽的遺物，要捨棄覺得對不起媽媽，要留下更是負擔，不整理房子也沒辦法做其他用途，真是讓人煩惱，阿嬤話鋒一轉：「所以老師，你這樣做真的是很好，只留下需要的，少少的就可以過日子，我現在也一直在丟老家沒用的東西，不要再給孩子以後添麻煩了。」

阿嬤還告訴我另一個故事，在家鄉有一個醫生娘，為人謙和有禮，對待鄰居親友十分大方，家裡櫥櫃內收藏著許多名貴的杯盤器皿，但她自己都捨不得用，只用最便宜、最舊的，她覺得那些好物是以後要留著給兒子用的。後來醫生娘生病走得突然，兒子繼承她的房子，帶著媳婦住了進來，那些以往被醫生娘視為珍寶、捨不得用的物品，媳婦看都沒看就全部丟掉了，真的是好浪費啊……

阿嬤娓娓道來這些發人省思的故事，能怪那個媳婦嗎？在媳婦看來不過是一些杯子和盤子罷了，也不是自己喜歡、適合的款式，為何要留呢？

自己喜歡的，就要自己拿來用，**只要跟物品連結的「你」不存在了，物**

品的價值也就喪失了，因為你心裡的寶，也許在別人眼中是垃圾呢！

在分離之前，讓每天的生活有意義

無論我們現在是二十歲、五十歲或八十歲，是過得快樂幸福？還是徬徨無助，甚或在苦難之中；你眼前的世界尚且良善安樂，但彼方的國境也許動盪不安、殘破混亂，任誰都無法掌握明天，也無法掌控這個世界，聖經雅各書四章十五節說道：「主若願意，我們就可以活著，也可以做這事，或做那事。」

既然如此，與其無奈地想著：「我們只能在活著的每一天，庸庸碌碌的做該做的事。」是不是能換個角度想：**「我們還能在活著的每一天，決定自己要用什麼樣子活著？」**

分離既然是大自然的定律，那就在分離之前，讓每天的生活有意義。人無法跳脫時間的限制，現在經歷的，都跟過去有關，未來發生的，也和此時此刻相連，人也無法避免空間帶來的影響，舒適的空間、混亂的空間，晝夜晴雨、四季變化，都影響著我們的感受與決定，**所謂的有意義，就是讓這一切自然的發生，但又跳脫這一切，思考這其中的關連。**

從基本的生活起居：「我今天吃了什麼？」「穿了什麼？」「買了什麼？」「遇到了誰？」「說了些什麼話？」

延伸到更關懷自己的對話：「今天心情如何呢？」「有想感謝的人事物嗎？」「有覺得可惜甚至後悔的事情嗎？」

有時候不同的事情可以串聯出一些結論：「從這一件事情上學到了什麼呢？」「我的心意是否更新而變化呢？」

也許這一切不會馬上就有答案，但身為基督徒，我相信藉著信仰的力量，神會給我們平靜安穩的心，從而明白祂的旨意，坦然地度過餘生，一直到生命的最後一刻。

當一切歸於塵土，當那日臨到時，
願我們留給家人的，
是真實的回憶，
是良善的力量，
是美好的身影，
而不是沉甸甸的負擔。

如果今天是我們生命中的最後一天，還有哪些東西是值得你緊抓不捨的呢？能永遠長存的又是什麼呢？願神安慰、垂憐，願平安常與我們同在。

Part 2

空間裡珍藏的故事

家的足跡

那年大女兒三歲，第一次拿水彩畫畫，
轉身間畫筆沾到臥室牆面，
爾後，那面牆的前方，總會放著跟女兒當時身高差不多的家具，
用來擋住黑色顏料沾染的痕跡。

兒童房的衣櫥門，
至今還留著沒拆卸下來的安全鎖扣，
那是五年前小女兒學爬的時候，擔心好動的她會被衣櫥門夾到而安裝的，
如果硬是拔除，反而留下難以處理的痕跡，所以也就罷了。

鞋櫃上方，有一塊木板突起的痕跡，
我總會在上方擺著花瓶遮掩，
那是好多年前，奶瓶消毒機流下的水漬造成的，
想起當年還在舊家，鞋櫃還不是鞋櫃，而是廚房的電器餐具櫃，
它是這個家第一個買下的無印良品家具，
如今也已陪伴我們十幾個年頭了。

在這間熟悉的房子裡，孩子們曾一起堆砌著童年夢想，
彩色的積木，亮晶晶的寶石項鍊、扮家家酒的笑聲，
如同街口的櫻花樹，一瞬間盛開，
卻也在不經意間凋零，
小孩成長的每個瞬間，都是珍貴的回憶，
遍布在家中每個角落，
家的足跡，也是成長的足跡。

想起每周六教會聚會的中午休息時間，
我牽著孩子的手散步到附近的商店，
每次經過一片水泥地時，
小女兒都會停下來定睛的望著地上的足跡，
用那稚嫩的童音說著：「好可愛喔！」
那是幾個小狗狗的腳印，
想必是水泥鋪上還未乾的時候，
調皮地踏過去而留下的證據，
有些足跡，看似失誤，
但在另一個角度來看，堪稱完美。

家裡的核心家具，是一座簡約又大器的橡木餐桌，
使用率如此之高，上頭免不了有許多痕跡，
曾有熱心的網友建議我：
「像這種木頭餐桌，要鋪上防水桌墊和玻璃墊再使用，不然很容易有刮痕。」

「才不要」我心裡這樣想，但不好意思直言，
就是喜歡木頭溫潤的質地，還有方正直角的外觀，
沒有過多裝飾與修飾，簡簡單單好用又耐看，
我寧願欣賞那因為歲月的積累產生的痕跡，
也不願意用其他方式遮掩它的特色。

在我們家，喜歡的物品就會盡量使用，
家具是這樣、鍋子杯盤也是如此，
只要是喜歡的衣服，天天穿穿破了也沒關係；

家的足跡也是歲月的足跡，
就像臉上逐漸浮現的皺紋一般，
有的人看著，擔憂年華老去，
有的人看著，欣賞生命的厚重。

家的足跡，還包含物品在記憶裡的連結，
印在腦裡，刻在心裡，
是空間裡珍藏的故事。

沙發邊，坐著感冒未癒看起來兩眼無神的小女兒，
爸爸覺得女兒的臉色不太對勁，呼吸彷彿越來越急促，
拿來血氧機一量，是應該馬上送急診的數字，
倉促間心中默默祈禱，期盼不要是太糟的結果；
醫生看了X光片立即要求住院，眼神透漏著擔憂，
但小女兒隔天燒就退了，恢復了往常的食慾與精神，
直到五天後要返家前，醫生才坦言，
當初的情況看起來頗嚴重，以他的預測沒有十天出不了院，
沒想到小女孩那麼快就好了，那麼小的年紀，連醫生都感到驚訝。

沙發、血氧機、X光片，
這幾個關鍵字拼湊出一個恩典的見證，
如果不是坐在沙發上，而是躺著睡覺，我們可能不會發現，
如果不是剛好想到有血氧機可用，可能會忽視情況的嚴重性，
如果不是X光片的證明，我們不會曉得神的作為如此奇妙，難以言喻。
家的足跡，是愛的足跡，
也是恩典的足跡。

有些足跡，像印在沙灘上，
迎著浪花隨波逐流，轉眼消失，
而有些，卻深深埋藏在泥土，
縱有風雨侵襲，仍不會隨時間抹去，
向下扎根，向上生長，
這些永恆的足跡，如同神的愛，一直都在。

於是，我們在這些足跡中，
拼湊出生活的全貌與真實，
歡笑又哭泣，相聚又別離，
在神的引領中，找到行進的方向。

家的足跡，
是成長的見證，是歲月的印記，
是變遷中的堅韌，是愛與恩典，
跨越時間的流轉，繼續述說那未完的故事。

家的足跡，是成長的足跡、是歲月的足跡，是恩典與愛的見證，是空間裡珍藏的故事。

你的抽屜，打開是什麼樣子？

小時候，我們獨自擁有的空間，可能只是一張書桌，而這方寸之間就是我們的小天地，還記得當時的抽屜打開是什麼樣子嗎？放了些什麼東西呢？

長大後，我們有了自己的收納櫃、自己的房間、自己的家，每次打開它們的瞬間，你看到什麼情景呢？

我接觸的客戶，很多都是家裡有幼童的媽媽，她們期待打造宜居的家，讓孩子健康快樂長大，所以家裡充斥著育兒用品，但買再多的玩具、繪本，宜居的家沒有出現，反倒更擁擠雜亂，找不到一處空間讓孩子放心玩耍，無奈、灰心下找上了整理師。

當陪同客戶一起整理時，只要觀察客戶的整理動作和思考邏輯，就能理解為何會有這些空間上的困擾，他們絕對都是用心在維護居家環境，或是願意提升生活品質的人，光是這樣的心意就值得肯定，只可惜因為整理方法還有些不完善，導致家裡常是「乾淨卻又凌亂」的樣子，也許我們可以透過以下分析來檢視自己是哪一型的整理者，整理時可以更優化的部分又有哪些。

你是哪一型的整理者？

A 眼不見為淨型

這類型的家，抽屜打開有兩種極端，一種是抽屜裡空空如也，所有東西都在桌面上，另一種是抽屜塞得很滿，桌面上卻幾乎淨空。這類型的人在整理上有以下特色：

☑ 很少時間待在家，假日一定出去玩，不想面對家裡亂象。

☑ 在家裡只待在一個小角落，也只整理那個角落，其他空間當看不到。

☑ 看不下去的時候，會把東西塞到櫃子裡或其他房間內。

☑ 說到要整理會想說乾脆全部丟掉算了。

☑ 如果找不到東西就會再重複購買。

優化建議

這一型的人很適合找整理師陪同並一鼓作氣完成居家環境整理，而這型的人可能還是斷捨離高手喔！對於這型的朋友，建議要設計盡量簡單的收納方式，分類不宜太瑣碎，而且要容易操作，另外也建議試著對喜歡的空間描繪出理想和遠景，如此可以增進整理動力。

B｜眼花繚亂型

這類型的家，抽屜打開其實相對整齊，尤其是衣櫥的抽屜，但抽屜內放的不一定是常用的東西，因為要整理到完美才敢收到抽屜裡，所以一些常用的物品反而堆積在檯面上，還處於苦惱到底要如何收拾它們。這類型的人在整理上有以下特色：

- ☑ 想太多、計畫太多、不容易做決定，覺得整理很困難，一定有很多麻煩事。
- ☑ 整理物品時通常無法專注，因為只要一看到地上有灰塵，就會堅持停下手邊工作把灰塵吸乾淨，或是整理到一半跑去訂便當、掃廁所。
- ☑ 喜歡把東西通通撈出來，因為無法取捨就索性放棄整理，對於捨棄物品有障礙，光決定要把物品送人還是賣掉就可以花上很多時間。
- ☑ 常常越整理越亂，喜歡把「雜物堆」乾坤大挪移，所以家裡各處都有一堆一堆待整理的物品。

☑ 心思細膩，希望整理得很精準，注重分類與收納的細節，但如果覺得自己還沒準備好就會一直拖延，無法開始。

優化建議

這類型的人適合一次整理一小部分，避免眼花繚亂、失去目標半途而廢，加入整理課程或整理挑戰營，有計畫的一步步整理是不錯的選擇。另外，試著勇敢的捨棄物品，告訴自己就算丟錯了也沒什麼大不了，「不要想太多，先做再說」是鐵則。

C 眼高手低型

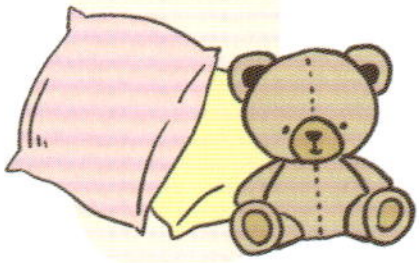

這類型的家，抽屜打開雖然算不上整齊，但也不至於呈現爆炸的狀態，

如果家裡一直都有在整理、物品不算太多，也許有些角落還挺舒適的，但他們仍舊只把焦點放在稍微凌亂的地方，而忽略掉自己和家人其實已經為維護空間做了不少努力。這類型的人在整理上有以下特色：

- ☑ 常常因為整理物品和家人吵架。
- ☑ 不停責怪另一半舊衣服都不丟，但另一半的衣服只有三個抽屜，自己卻有三個大衣櫥的衣服。
- ☑ 只要想到整理，就想丟別人東西，再不然就是抱怨家人都不配合，老是認為只有自己一個人很在意，因此感到很辛苦。
- ☑ 常常會買收納用品要求家人使用，如果效果不如預期，不會想到是用具買錯了，而是怪家人沒有物歸原位。
- ☑ 其實很依賴其他人的陪同和協助，外表強勢內心卻脆弱敏感。
- ☑ 滿腹理想，喜歡擬定目標但卻沒有執行方法，所以常常覺得沮喪。

優化建議

這一型的人要練習先整理自己的物品，並且不要急於改變同住家人，另外，可能要找出自己焦躁的其他原因，也許是對工作的徬徨，或家庭關係陷入困境，也可能是個性比較好強，所以無法接受自己整理不好的情況，於是選擇把責任歸咎到他人身上來逃避，請試著表達內心真正的需求，並且肯定自己想要家裡更舒適整潔的心志，整理可能不是眼前最重要的事。

D—眼疾手快型

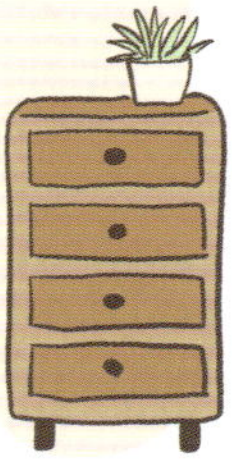

這類型的家，外觀上相較於其他類型，大概是看起來最整齊清爽的，但看不見的抽屜內部就相對凌亂一些，這類型的人做事講求效率，動作也很快，一旦開始就不會拖延，相對空間能整理得比較完善，但如果因為忙碌而疏於維護時，一方面可能會藉著購物來消解壓力，一方面家裡也會因為雜物

逐漸堆積而又變亂。這類型的人在整理上有以下特色：

☑ 當整理師的助手幫別人整理可能很稱職，但要整理自己的物品卻沒頭緒。
☑ 只要給予步驟方法就能快速執行，其實是潛藏的整理人才。
☑ 每次整理通常都有效果，但沒有想好要怎麼維持，所以過一陣子又變亂了。
☑ 講求效率，所以無法或不想做很細的分類收納，也因此導致某些空間會閒置不整理。
☑ 想要趕快完成目標，有時收納會隨便亂塞一通，導致忘記整理後的東西放哪裡。

優化建議

目標導向型，很習慣聽指令行事，但還無法獨當一面，適合找能夠一面整理一面教學的整理師。除了物品的整理收納，也可以進階到生活動線和選物、採買的規畫，打造更容易復原的空間，進一步體會簡約生活的美好。

E 眼笑眉飛型

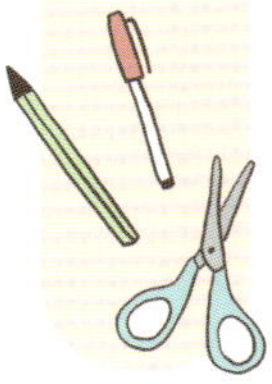

這類型的家，打開抽屜會遇見一個特殊的景象，有些工具整齊妥當的收納著，看得出工具的主人很有品味，但抽屜的另一角落卻有著色彩繽紛的童趣文具；客廳可能是簡約的無印風，但每個房間卻都有不同的風格特色，代表這類型的人很重視家人的需求，對於理想的生活充滿願景。這類型的人在整理上常有以下特色：

☑ 比較感性，整理物品時常常陷入美麗的回憶裡。

☑ 對於物品的捨棄雖捨不得，但會為了家人有更好的環境而願意放手。

☑ 希望家人能夠一起學習參與整理，若有機會達成會因此欣喜萬分。

☑ 內心思緒常澎湃洶湧，所以有時會抓不到重點，花很多時間卻沒什麼效果。

☑ 有時會過分執著自己不切實際的想法，導致整理停滯不前。

優化建議

要能先釐清目前的優先順序，才能規畫出適合現階段的整理方法，例如：最需要留下什麼、最需要考慮哪部分的動線或定位，避免天馬行空、太理想化的設計；建議先讓整理師規畫出整理的方向和重點，整理過程中漸進式的調整和更新，在自己和家人的需求間，取得既美觀又實用的平衡點。

◆
◆
◆

上述的整理者型態是我用實務上接觸的經驗所做的分析，也許大部分的人都不只一項特質，不一定可以完全歸類，所分析的結果也不代表對錯好壞，但我一向鼓勵大家以「實驗」的方式來整理空間，這條路不通，就換一條路走，這個方法不適合，就換一個方法，路是「走」出來的，方法是「找」出來的。

唯一所有類型都適用的方法就是「少物」、「動起來」，持續精簡物品，減少多餘的東西，不要拖延、不要放棄，馬上動起來，只要保持這樣的循環，無論你是哪一種類型，都會一步步看到成效，無論是哪一種抽屜，都將讓人期待打開它的那一刻。

小小的抽屜是一個家生活習慣的縮影，想要做出改變，就從整頓每一個抽屜開始。

寫信給十年後的家

家，不是一個靜止的場所，它會隨著時間、成員不斷的發生變化，而家也一直是紀錄珍貴回憶的地方，寫一封信給十年後的家，可以留下回憶痕跡，也可傳達愛與感謝，以及在未來對家的想像和祝福，十年後再打開這封信，相信一定會被這封跨越十年的情感連結打動，現在，也提筆寫信給十年後的家吧！

嗨！你好嗎？

時光荏苒，你我已經相識數十載，
如今的我們是這麼親密的相互依偎著，
這十年來的日子，或苦或甜，始終彼此陪伴。

十年後的你，是什麼樣子呢？
早晨時分，小鳥停在窗前的欄杆上啁啾，陽光輕柔的灑落在地板上，
夕陽西下，樹枝的斜影映照在客廳斑駁的牆面，
你的每一扇窗，不僅可以看見外面的世界，
落地窗的倒影，也如實演繹了全家人的生活場景，
十年後的你，想必依舊安靜而溫暖。

客廳的沙發，應該又要換了，
那是全家人都喜歡待的地方，
談天說地，笑聲洋溢；

還記得我們一起在廚房忙碌的日子嗎？
在那個小小的空間裡，
總是充滿著飯菜的香氣，和孩子們奔跑嬉鬧的聲音，
十年後的你，應該有新的鍋子、新的食譜了，
到時候，我的廚藝應該可以輕鬆煮一桌菜宴請客人了，
那些和友人們相聚暢談的日子，每次回味都倍感溫馨；
走廊的牆上依舊掛著孩子們的畫作，
色彩繽紛，充滿童真的夢想，
如今，孩子們都長大了吧！
十六歲、二十歲，多麼美好的年紀！

十年後的我，還好嗎？
是否還依然在生活的每一個平凡瞬間，
尋找那一份小小的幸福，
或許只是一杯香氣四溢的咖啡、一首平靜的音樂、一段簡單的對話；
如果我正面臨困境，你肯定還是敞開雙臂迎接我歸來，

包容我所有的不足，
在這裡，我如同倦鳥歸巢，你不僅是藏身之所，
也總是替我將初衷妥當的收好，接納我的每一面。

謝謝你一直以來的守護，
我能回報的，就是好好的維持你原本的樣子，
十年，一段不算短的時間，卻也這樣悄無聲息的流逝了，
十年後的你，會見證多少人的成長和蛻變，會見證多少歡笑與淚水？
願未來的你，繼續凝聚那些愛與陪伴，記錄那些感人的瞬間，
我們會永遠彼此珍惜，
期待十年後重逢的那天。

～你的摯友

追本溯源

颱風天屋外傾盆大雨，在家裡格外安定，我想起兒時經歷的強颱「韋恩颱風」，強風颳起異物，撞破了我家廚房的窗戶，玻璃碎屑瞬間掉落一地，其中一小塊碎屑畫破我的大腿，看到傷口流血的我嚇得哇哇大哭，雖然只是小傷，但疤痕到現在還清晰可見，也永遠忘不了那兩天家中的窗戶只能暫時用一片木板擋起來。

家是堅固的堡壘，一夕崩壞的例子畢竟少見，但日積月累不經意的摧殘損害可能是很多家庭正在經歷的，這其中包含有形和無形的，肉眼看得見的和看不見的。

環境宜居的無形條件

好比可愛的網友們常常像偵探柯南一樣檢視我家照片，詢問度最高的就是家裡的木地板，問完品牌型號接著問：「木地板會不會很難維護？」

看到工作室的大書牆就問：「這會不會很容易積灰塵或發霉？」

看到藤籃也會問：「我家的藤籃用不久就發霉了，你的會嗎？」

看到狗狗的照片：「好奇家裡寵物的異味和狗毛要怎麼清理？」

看到全家人共用一個大衣櫥：「這樣換季衣服要放哪裡，不會發霉嗎？」

關注我的網友大部分都是溫暖有禮貌的人，所以大家的提問也都沒有惡意，但這些問題其實要回答得很精確也有難度，我希望大家可以「追本溯源」去看這些問題會發生的源頭，並尋找最治本的解決方法。

以我本身的經驗來看，環境濕度過高就是造成這些問題最大的原因，木地板會不會很難維護？如果你覺得要常常開除濕機很麻煩，那就是「會」，如果你覺得只要把除濕機定時打開就可以維護，那就是「不會」。

開放式的書牆如果放常拿取的物品，自然不會積灰塵，如果書房的空間注重空氣流通與除濕，書本、櫃子自然不易泛黃發霉。

日本家庭喜歡用藤籃，是因為他們氣候乾燥，藤籃的天然風材也很適合他們的居住空間，在潮濕氣候的台灣如果要使用藤籃，勢必要定期定時為家裡除濕及除塵。

濕度高會使得寵物和人體的皮膚容易過敏，對呼吸道也有影響，濕度高產生的霉味和異味也是環境的一大殺手，諸如此類的警訊都是告訴我們，居住在海島型氣候的台灣，一年四季濕度都很高，絕對不能小看環境中濕度帶來的影響。

沒時間的時候，先捨棄最花時間的事

我曾經計算過每天做家事的時間，扣除掉煮飯，其實只需要大約半小時，但如果加上下廚的時間，從採買、備料，到烹調、清潔，至少要花掉兩小時，那意味著我要再挪出原本休息、陪伴家人的時間才能完成，所以如果那幾天工作很忙，或是身體不舒服，寧可選擇外食或外送，我也不要逞強煮飯，否則就是兩頭空，煮飯煮得心煩意亂，其他該做的事也被犧牲，過度倒空自己的結果導致身心都疲累。

有些人堅持每天三餐都要自己煮，如果時間足夠的話當然沒問題，但有些人明明家裡亂糟糟，卻一邊抱怨都沒時間整理，一邊執著絕對不能外食，如果真的感覺到空間的狀況急需改善，我建議可以暫停幾天不要下廚，一天能省去兩小時的時間，一周就能多出十幾個小時，這些時間足以整理好一個空間，或許可以把衣服篩選一輪、淘汰掉大部分不要的物品，也可選擇每天整理一個櫃子。

追本溯源找出目前重要的事情，我們不會因為一周吃外食而失去健康，但一直不整頓的空間卻會造成深遠且多方面的問題，吃幾天的外食換來輕鬆的心情與越來越舒適的家，如果一直騰不出足夠的時間下廚，可以選擇減少工作，沒辦法減少工作時，整頓冰箱，在周末預先處理可保存的食材，建構一個快速的備料流程，也能有效減少煮飯的時間。

總之，沒時間的時候要追本溯源，先捨棄最花時間卻不一定要做的事。

空間失能，也代表親密關係的失衡

我們到外面的餐廳用餐，吃完飯會把自己的東西拿走，到圖書館借書，離開時會把個人物品帶走，但此刻看看你家的餐桌和客廳，是否遺留了你使用完沒歸位的指甲刀、剪刀，或是散落桌面的紙張、餅乾包裝呢？

將這些亂象追本溯源，其實是因為物品失去了「界線」。建議我們在整理時，可以把不只一人使用的地方當成「共享空間」，除了限制個人物品的收納處要在固定的範圍，為了讓每個人都找的到共用的物品，也要請家中每名成員確實遵守物歸原位。

物品失去界線的隨意擺放堆積，就會造成空間的失能，孩子的玩具在客廳到處亂丟、爸爸的工作文件零散的擺放在餐桌上，表面上也許覺得是自己的家就應該要放鬆，但是再怎麼親密的關係仍要建立界線，否則一旦有一方開始覺得委屈，關係就會開始失衡，禮貌與尊重應該要先做在最愛的人身上。

所以很多關於居家空間維護的問題，我們不應該只侷限在表面上看到的，而是要追本溯源，比如本章節最前面提到的各種困擾與問題，皆可歸因於環境濕度過高，所以每天關注環境濕度、維護空氣品質、適當使用除濕機與空氣清淨機，並且盡量精簡物品不隨意囤積、保持室內空氣流通。

在維護居家空間的過程中，不僅是處理表面看見的現象，最重要的是常常反思問題的根源，家人間彼此尊重、包容與分擔，並且留心自己的感覺和家中的變化。從源頭著手，這才是治本之道。

沒有什麼物品，比空間更珍貴，沒有什麼裝飾品，比陽光更美。

承裝愛的容器

大女兒曾經這樣形容她的兩位阿嬤：「台中阿嬤很會縫，朴子阿嬤很會煮。」

婆家在台中，婆婆的興趣是縫紉，常常手作衣服、包包給孫女們；娘家在嘉義，每次孩子去找外婆，就是從早吃到晚，三餐、點心外加宵夜。

媽媽的廚藝真的很好，但下廚究竟是她的興趣，或只是因為身為媽媽就一定得餵飽孩子的責任感，恐怕連媽媽自己也分不清楚了。小學時期，同學們在學校吃自助餐和帶便當的比例大約是各一半，但印象中我從沒吃過學校自助餐，媽媽每天中午一定準時送來熱騰騰的便當，為了滿足挑嘴食量又小的我，媽媽幾乎每天變換菜色，如果煮虱目魚，會撕成小小片確認沒有魚刺，如果吃水餃，從水餃皮開始就是手工自製，每到中午打開便當蓋時，身旁總會有好奇的同學圍觀。

只不過媽媽的廚藝越好，女兒的嘴就越刁，不管便當裡是什麼菜色、份量多或少，我總是沒吃完；每天放學回家，媽媽都會打開便當盒檢查，沒有責罵也沒有生氣，只說了一句：「阿那哥村價追（怎麼又剩那麼多）」，然後轉頭接著煮晚餐，偶爾有幾次吃個精光，媽媽以為終於煮到我喜歡的，那一陣子便當內就會經常出現同一道菜，對於我們的喜好，到如今媽媽都還是記得牢牢的。

回想起來，兒時的家有各種烹調的容器，也充滿著過節的儀式感，清明節包潤餅、端午節包粽子、中秋節做月餅，夏天自製剉冰、冰棒，冬天有燒仙草、龜苓膏，媽媽喜歡吃甜點、喝咖啡，所以長大後我們天天都有下午茶時光。其實兒時的家並不富裕，是一個再平凡不過的家庭，爸爸修理摩托車的一份薪水要養一家五口，但我沒有感到生活有什麼匱乏，相反的，媽媽會幫我們三姊妹打扮得漂漂亮亮、每天綁不同的髮型，自己省吃儉用，卻幫我們訂報紙、買全套百科全書，還讓我從小學鋼琴，雖然我們常開媽媽玩笑，說她罵起人來很兇也很愛碎念，但她也真的用盡全力在照顧我們，也許是出於信任，小孩們的人生大事，例如：選科系、要升學或就業，甚至擇偶對象，爸媽都給予尊重並沒有干涉，如果說我如今可以長成一個懂得生活的人，很大的原因應該是我的父母，他們讓我知道我是一個值得被好好對待的人，他們很愛我，所以我也很愛我自己。

媽媽下廚時手腳很俐落，動作也很大，最令我佩服的是她可以同時煮很多道菜，剛結婚時，先生和我一起回娘家，媽媽在廚房忙著張羅，來來回回穿梭在冰箱、餐桌之間，時不時廚房就傳來鍋碗瓢盆碰撞的聲響，先生不解的問我：「媽是不是在生氣啊，怎麼撞來撞去那麼大聲？」我表示這就是媽媽下廚的風格，其實正是因為看到女婿回來，迫不及待想要煮一桌豐盛佳餚款待，對媽媽而言，煮飯是日常，也是心意，鍋盤容器裡，承裝的食物，也是媽媽的愛。

成為母親後，我的廚藝跟媽媽相比差了一大截，不過廚房裡漂亮的碗盤杯壺可不少，各式各樣的容器一應俱全，先不論食物好不好吃，但每天餐桌上絕對很美麗，我們家每個人有不同顏色、專屬的飯碗、杯子和筷子，吃湯麵的時候用南瓜造型的烤盅、吃水果甜品時有專用的小碟，每個人的生日當天，還會有特別準備的生日大餐，餐桌上會鋪上桌巾、放上花瓶，擺好每個人的餐具、筷架，女兒們似乎也感受到媽媽的心意，總是不停地說：「媽媽煮得最好吃！」想起兒時的我，好像很少和媽媽說過這樣的話，也想起了上次回娘家，媽媽還留著已經有點焦黑的鍋子捨不得丟，於是趁著母親節活動，準備了一組全新鍋具要送給媽媽，媽媽看了照片說：「很漂亮，謝謝。」

其實該說謝謝的是我，謝謝媽媽的體諒與包容，還有永遠無微不至的照顧，拍完照後，我把鍋具包好拿到樓下大廳準備寄去給媽媽，地址寫到一半，我猶豫了，我到底有多久沒回家，竟然連地址都陌生了，我們掛念父母的心，遠不及他們牽掛孩子的十分之一啊！

以前的我無法理解媽媽為何要那麼堅持，每天每餐的下廚煮飯，即便身體不舒服也不去休息，現在有了孫子，更是忙裡忙外，早餐煮完煮午餐，一整天忙得不可開交，自己的孩子漸長後，看著她們津津有味地吃著我煮的飯，我才漸漸明白，那些堅持就是媽媽沒有說出口的愛，從兒時到如今一直都在，她以食物滋養我們的身體，溫暖我們的心靈，訴說她內心永遠的牽掛。

對媽媽而言，煮飯是日常，也是心意；容器裡承裝的是食物，也是媽媽的愛。

鍾愛的角落

剛結婚搬到新竹居住時，我曾經到一間音樂教室任教，因教室也才剛開張，需要廣闢客源，所以對於報名的學生來者不拒，我是第一批招聘的老師，也是比較資深的，於是舉凡家長要求高的、被其他老師退貨的、上課狀況很多的、希望比賽檢定的，老闆都交給我。

我被分配到的教室大約只有一．五坪大小，只夠容納一台直立鋼琴加兩張椅子，連家長想旁聽都覺得非常擁擠，更別說我要在裡頭一口氣一連上四、五個小時，可想而知有多壓迫。

學生很可愛也很活潑，但多半回家都沒有練琴，只能上課陪練，有時真的陪到一肚子火，狹小的教室還充斥著汗臭味、腳臭味，我只能在上課空檔，衝到教室外面深呼吸，然後喝水喘口氣，那時的我有一個夢想——「我一定要擁有一間屬於自己的琴房」，它一定是美麗又令人放鬆的空間。

鋼琴工作室

許多年後，因著搬到無印之家，我的夢想成真了，在這個家中，工作室是我最喜歡的空間，平台鋼琴佇立在工作室正中央，開放式的大書牆擺上精挑細選的物件，木製抽屜櫃收納我的個人物品，下層的兩排白色箱子則是孩子的玩具區。

牆上掛著心儀的月曆和花圈，白色書櫃上方則是香氛專區，精油和蠟燭一應俱全，另一側的櫃子收納著鋼琴譜和工作相關的檔案，在這個小天地裡，各處都是鍾愛的角落，配上一杯親手煮的咖啡，無論視覺、聽覺、嗅覺和味覺都豐富且美好。

為了陪伴孩子放學後的時間，幾年前開始斜槓整理師成為第二份工作，雖然學生減少後還是會遇到沒練琴就來上課，或是講了千百遍的錯誤還是繼續錯得離譜，這時只要轉過身，打開我的香氛蠟燭，空氣中瀰漫著喜歡的香氣，頓時就能轉換心情，再也不會有滿肚子火需要衝出門透氣的情況了（除了陪我自己的女兒練琴以外）。

鞋櫃上方

不只工作室，家裡有好幾處都是我鍾愛的角落，一打開大門就看得到的鞋櫃平面，是不定期更替的展示區，雖然很喜歡植物花卉，但花藝程度還是幼幼班的我，僅有少許幾個作品，偶爾會訂購週花或自己到花店挑選鮮花，鞋櫃上方的一角就成了展示區域，除了花卉，還有從日本帶回來的柴犬音樂盒、藤編面紙籃，是代表著我家風格的角落。

餐桌抽屜

一百八十公分長的大餐桌是我家使用率最高的家具，除了是餐桌，也是我的工作桌、孩子的畫畫桌、客人來的交誼廳，我特別喜歡餐桌附有三個小抽屜的收納設計，最右邊的抽屜存放工作用的電腦、平板和充電器，中間抽屜是餐具區，用不同整理盒分類筷子、湯匙、叉子和點心匙，左邊抽屜是隔熱墊、杯墊和鍋蓋帽，每次客人來訪，打開餐桌抽屜時瞬間獲得驚呼連連，頓時也有些虛榮，覺得自己真的把這裡打造得挺完美，是可愛又實用的小角落。

沙發旁置物架

客廳沙發旁有座立燈，這個角落原本就很喜歡，前陣子我多放了一個雙層置物架，上方擺著藍牙音響，音響造型是可愛的太空人，抱著會發光的月球，看了令人會心一笑；置物架內再放上書燈和幾本書，有燈光、有音樂、有書本，是感到放鬆的靜謐角落。

也許你因為和家人同住，無法擁有自己的房間，但我們不妨試著打造一處角落，可以是一張舒適的椅子配上一座簡約的立燈，鋪上美麗的坐墊或地毯，也可以是一張顏色特別的寫字桌，或是一個很有風格的展示櫃，擺上精挑細選的物件；如果有特殊的興趣才藝，比方插花、繪畫、裁縫或調香等，只要將需要的材料、工具妥善收納，就能打造出兼具功能與美感的個人工作區，在這些小天地裡，**會出現只有自己才懂的美好，那是站在好好照顧自己的位置時才有的景色。**

鍾愛的角落，描繪著空間裡的美好，那是站在好好照顧自己的位置時才有的景色。

喜歡的顏色

曾經，我最喜歡的顏色是白色。

那是還在摸索自己喜好的階段，對於身旁事物的看法還不太有主見，選擇相對不會出錯的白色，至少可以避免洩漏自己的不足；後來發現白色很能表現俐落感，是時尚界屹立不搖的顏色，愛美的我選購服裝、包鞋時，只要有白色絕對是首選，但一季下來白襯衫領口泛黃、白色高根鞋有清楚的刮痕、白色包包已經變米黃色了；不光是衣服，結婚後的租屋時期，覺得白色的空間很典雅，所以買了許多白色家具，結果發現一旦沾到髒汙就無法去除，留下難以抹滅的痕跡。

後來，除了白色以外，我也喜歡藍色和綠色。

不知道從什麼時候開始，購買杯子、水壺時，我會特別留意是否有藍色或綠色，吃飯喝湯用的碗和餐具，也不再像以前一樣只有全白色的選擇，可以是一家四口，一人一種顏色；家裡的軟件，例如：抱枕、時鐘、植栽、乾燥花圈，還有我自己隨身攜帶的化妝包、鑰匙圈，隨處可見藍綠色的小物。

藍色和綠色逐漸取代白色，或至少是並駕齊驅，於是我分析自己喜歡這些顏色的原因，應該是因為它們都是大自然常見的顏色，就算大量出現也不突兀，如同寬廣的藍天、無際的海洋、綿延的山巒、遼闊的原野，都給人柔和舒服的感覺，也有冷靜沉著的意境，我也想把這樣的特質搬回家中。

藍色不同於白色的單一一致，而是有各種深淺明暗，天空藍、湖水藍、皇室藍、寶石藍、午夜藍，有令人感到清新放鬆的，也有象徵高貴神秘的；綠色則是植物的顏色，有著生生不息、枝繁葉茂的象徵，不同深淺的綠也彷彿詮釋了不同的季節美景，春天新生的草是草綠色、夏天茂盛的樹葉是翠綠色，秋天豐收的果實是橄欖綠、冬天的寂靜清冷像極了墨綠色。我雖然依舊喜歡白色的簡單清爽，但更喜歡在家中各角落，按照自己的喜好，以及這個空間想呈現的氣氛，用藍色和綠色的小物來妝點，有時候光把不同顏色的物品擺在一起，想要擺得協調順眼，就可以忙上好一陣子。

以前很抗拒粉紅色、紫色，這幾年卻越來越喜歡，淺淺淡淡的粉，帶有點灰或藍的紫，優雅又不會太甜膩，這樣的轉變從我知道自己的四季色彩開始。

自從得知自己的四季色彩是冬季色以來，上台演講的衣著就從白色襯衫改為莓粉色雪紡衫，既保有一貫的「悠閒優雅感」，且氣色更好、也更有親和力。除了衣著喜好的改變，連家中的物品也悄悄增加了粉色調，我有好幾種顏色的鑄鐵鍋，大部分使用完都丟進洗碗機清洗，唯獨有一個名為「粉紅奶酪」的小可愛，可能因為是粉色的關係，總感覺特別柔弱、惹人憐愛，所以捨不得放到洗碗機裡，每回使用後都是裡裡外外、仔細的親手洗乾淨；還有我鍾愛的餐具品牌「日本 KINTO」職人手作餐瓷系列，除了經典的米白和黑色外，也有柔和的粉色，無過度修飾，既粗曠又細膩的魅力，讓我愛不釋手，從茶壺、杯子、餐碗到不同尺寸的盤子我都想收集，等待特價時一個個將它們買回家。

有次去剪頭髮，設計師幫我圍了一個接近淡薰衣草色的理髮圍巾，鏡子裡的自己頓時看起來和往常很不一樣，因為這無意中的發現，我開始尋覓類似顏色的上衣，現在衣櫥內的衣服，除了白色和大地色系外，最多的顏色就是淡薰衣草紫；覺得很難搭配、和以前的風格差太多嗎？淡薰衣草色的罩衫搭配灰色長褲、淡薰衣草色的毛衣可以內搭白色襯衫、淡薰衣草色的T恤外加灰藍色西裝外套，跳脫以前對顏色的刻板印象，勇於嘗試新鮮的事物，但仍然可以兼顧原本喜歡的風格，就像生活一樣，有時多姿多彩，有時恬靜愜意，改變的同時仍保有初衷。簡約的空間不一定只能有單調的顏色，藉由觀察每個時期喜歡的顏色，也是重新認識自己、了解自己的一個機會。

現在如果問我最喜歡的顏色是什麼？我的回答是：「好看的顏色我都喜

歡。」我的家不再是千篇一律的白色，這裡有檸檬黃的馬克杯、那裡有酪梨綠的保溫袋，不過數量眾多或大面積的物品，我仍然會選擇白色，不是因為怕出錯、也不是因為不曉得要選擇什麼，而是因為真心喜歡，理想的空間就是讓自己被喜歡的東西包圍著，其中當然也包含顏色。

現在的你，喜歡什麼顏色呢？

喜歡的顏色會改變，喜歡的風格也會轉換，但用美麗的空間來款待自己的心意，始終不變。

家的使用極限

如果有身處其中就讓人感到放鬆舒適的空間，想必就有只是待上幾分鐘也會使人感覺疲憊不堪想要逃離的環境，這樣的空間如果是獨居者的房子，只要自己能接受，其實也沒有什麼問題，但如果是家人們共居的空間，居住其中的使用者對於自己的習慣影響到他人絲毫不在意，只專注於滿足自己，是極端以自我為中心的類型，那麼這個家將漸漸邁入使用的極限。

家對於每個人來說，不只是一棟建築物，更是一個承載著情感、回憶和生活的空間，這個空間的意義也不僅僅是物品的安置場所，更涵蓋身心的歸宿和生活的藝術。但當一個人極度以自我為中心時，他會傾向過度使用這個空間，將所有焦點集中在個人喜好與需求上，每個物品的存在，幾乎都被視為自我表達的延伸，**既無法同理其他人的感受，也無視空間本身的承受能**

力，他們對於「整理」是抗拒且不認同的，探究其中的行為和想法通常有以下特徵：

抗拒整理的人有何特徵

特徵1—對於「整理」這件事嗤之以鼻

在某些人的眼中，整理的過程像是一種無意義的勞動，這種牴觸的情緒恰好說明了對「整理」這一概念的誤解，「不過就是整理而已嘛！」這樣的話經常掛在嘴邊，他們認為整理就只是把物品收拾好、排放整齊而已，是毫無必要的麻煩事，但哪天覺得空間的擁擠爆炸令自己很難堪時，就把責任推到別人身上，怪罪他人不過是整理而已也做不好，他們**一方面覺得整理很簡單，一方面又從不動手自己整理**，是不是自相矛盾。

更深層的原因可能與個人的性格特質有關，真正的整理其實是需要高度自律與耐心的過程，而這些都是他們所欠缺的，相較於仔細的分類、清理並收納，注重創造與即興發揮的人可能更習慣依賴直覺，而不愛條理分明的規畫，這樣的性格使得他們在面對整理時會產生無形的抵抗，只好找藉口掩飾或逃避這項任務。

特徵2——這是我的家，我想怎樣就怎樣

這樣的想法來自對於物品主導權和空間使用權的捍衛，表面上好像說得通，但因為每個人對「家」的定義不同，有些人覺得回到家就是要放鬆、無拘無束，有些人覺得家要共同維護並尊重其他人的權益，而過度以自我為中心的人常常無法和家人達成共識或找到平衡點，所以會堅持「這是我的家，我想怎樣就怎樣」，於是這些爭執就成了無止盡的循環。

追根究柢來說，被牽動的物品和被干涉的空間使人感到不安，這無疑是對使用者的一種否定，**指責他將空間過度使用即是否定他的生活方式、而要他捨棄物品則代表否定他過去的經歷**，這種感覺不僅是物質上的損失，更是對自我認同的一種侵犯。

他們總會說：「我這是亂中有序，我可以在雜亂中找到需要的東西。」這樣的自我安慰有時也是一種逃避，他們在心底其實清楚的知道，雜亂無章的環境會產生種種負面影響，心情的焦慮、浪費找東西的時間、無法待客的無奈，所以當他們這樣說的時候，**某種程度上也在反映出對整理這項工作的無能為力與沒有自信**，進而加深了對整理的厭惡感。

特徵3——這些東西都對我很有意義，你們不會懂

整理不免要經歷取捨物品的過程，捨棄物品對這樣的人來說也是一大挑戰，他們對於物品往往會有情感上的依賴，即使是一些已經不再使用的東西，他們也會認為這是自己的財產，所以無法接受失去這些物品。「這些東西都對我很有意義，你們不會懂。」習慣以自我為中心去思考的人無法理解他人的感受，他們說這句話的時候，其實並**不只是捍衛自己的選擇，而是在無意間將周圍的人推開**，於是在這樣的家庭空間裡，產生了一種讓人想要逃離的壓迫感與疏離感。

另外一個原因是整理本身所帶來的恐懼和壓力，對一些人來說，整理意味著必須面對和處理過去的回憶，那些可能帶來不愉快情緒的物品，無論是遺憾、悲傷還是後悔，整理的過程都可能觸發這些感受，特別是在面對舊物，或是親人的遺物時，**選擇要留下或丟棄可能會讓人感到痛苦與掙扎，因此，**

為了避免情感上的衝擊，寧可選擇逃避。

特徵4——千錯萬錯，都是別人的錯

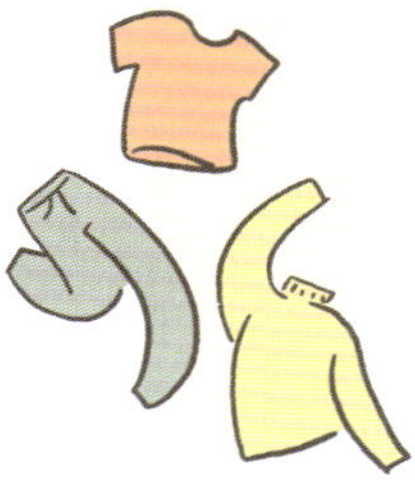

當空間被物品占據，負面情緒也隨之而來，以自我為中心的人常常忽視他人的需求，認為空間的擁擠是別人的問題，而不是自己的責任，這種思維模式使得他們在面對整理時常常失控，不停地指責另一半的衣服都不丟，卻不想想那兩大座衣櫥裡，另一半的衣服只占了三個抽屜。**他們總是抱怨空間不夠用，卻從不願意反思是否是自己過度占用了這個空間。**

整理是一種愛的語言，也是透過服務的行動表達愛的一種方式，是一種對自己與他人的關懷；在家庭中，整理空間不僅能夠提升生活品質，還能讓每位成員感受到被重視，比如當我們為家人準備乾淨整齊的居住環境時，實際上是在用行動向他們傳達愛的信息，舒適的環境讓人感到被安慰與被照顧，也讓家人間的情感更加緊密。

不只在家庭裡，在與朋友或同事的互動中，整理空間同樣也表現出對他人的尊重，無論是在學校、辦公室、社交場合或公共場所，**當我們對周遭環境進行維護時，能讓他人感受到我們對這個空間的重視**，不僅提高了空間的使用效率，這份經由整理而來的體貼，也是深藏於生活細節中的成熟與真誠。

生活在於選擇，選擇整理或是放任，選擇體貼或是自私，選擇分享或是孤單，選擇關愛或是冷漠，這些選擇會影響著家的氣氛，最終形成一種既定的模式；試著拋開對整理的成見，重新檢視生活中的物品和空間，讓家的使用極限在某一刻得到舒緩，讓每個空間得以呼吸，生活有了鬆弛感，就能體會到久違的簡單與從容。

當我們為家人準備乾淨整齊的居住環境時，是在用行動向他們傳達愛的信息，舒適的環境讓人感到被安慰與被照顧，也讓家人間的情感更加緊密。

旅行的期待

旅行前，當我們拉著準備好的行李箱出門，感覺輕鬆愜意，除了因為可以不用再顧慮工作、家裡的瑣事，行李箱內裝著的，是接下來這幾天需要的所有物品，「我只要帶著這箱，就足夠了。」這種「就足夠」的滿足感與安全感，就是讓我們感覺輕鬆愜意的原因。

旅行時，當我們打開飯店民宿的房門，感覺愉快舒適，特別令人放鬆，並非房間裡有什麼特殊的設備，而是因為除了簡單的幾樣家具，沒有任何多餘的物品。不是因為很多，而是因為「已經足夠」，所以喜歡清爽、整潔，可說是人與生俱來的天性。

旅行，可以跳脫現有的生活框架，讓糾結的現狀得到紓解，開闊眼界的同時，也開闊了心胸。既是如此，如果能讓行前的準備更輕省、旅途中的需求被解決、返家後的收拾更有效率，這樣的旅行就更有意義，也更令人期待了。

帶得剛剛好，旅行前的整理術

關於行李的整理收納，以下心得和大家分享：

1．製作成表格或心智圖

每次出門都怕少帶了什麼，總是花好幾天在收拾行李嗎？直接把需要準備的明細製成如下一頁的表格重複使用，就不怕又遺漏了什麼，也可做成心智圖有助於行李的分類邏輯。

2．精簡

數量能少就不要多，攜帶物品的數量如果太多，拿取需要翻找、收拾費

出國行李準備清單

文件	□身分證 □護照 □簽證 □國際駕照 □機票 □交通票券 □優惠票券
3C 用品	□手機 □充電線 □相機 □平板 □筆電 □耳機 □行動電源 □萬用轉接頭 □變壓器
衣物	□上衣 □褲子 □外套 □鞋子 □內衣褲 □襪子 □墨鏡 □圍巾 □手套
盥洗用品	□沐浴乳 □洗髮精 □化妝用品 □卸妝用品 □牙刷 □牙膏 □毛巾 □面紙 □濕紙巾
藥物	□暈車藥 □腸胃藥 □過敏藥 □感冒藥 □防蚊止癢藥 □消毒用品
金錢	□現金 □信用卡 □提款卡
其他	□背包 □水壺 □鑰匙 □眼罩 □頸枕 □環保餐具 □簡易型多功能家電

時間，還很占空間。帶一雙能適應多種場合、多種活動的鞋子，就可以不用再帶其他鞋款，省下許多空間。攜帶多功能的行動電源、清潔品，一個就夠用，不會瓶瓶罐罐堆疊、一堆線纏在一起，所有的瓶罐，能分裝就分裝。如果家裡有孩子，可以把每天要穿的衣服成套捲在一起（包含內褲、襪子），每天取出「一捲」，從頭到腳搭配完畢。

盡量攜帶多功能的物品，例如：旅行期間若需要自己料理三餐，選擇可煮食也可當泡麵碗用的多功能快煮壺，小小一個即可取代鍋碗茶壺，露營或野餐時攜帶可折疊的推車，搬運行李不費力，蓋上蓋子就成了小茶几，不使用時摺疊起來亦不占空間。

3．群組收納

簡單來說就是一個類別集中收納成一袋，並貼上標籤識別，例如：換洗衣物類、醫護藥品類、盥洗用品類、化妝保養類等，怕難以辨認也可以用透明夾鏈袋來分類，行李準備起來更整齊清爽也更方便。

4．按使用頻率放入行李箱

這在露營用具整理時很適用，最後吃的食材放在冰桶最底層，最先要用到的器具放在折疊箱最上層，每天都會用到的類別放在行李袋最外層，按照使用頻率來放置，就能避免翻箱倒櫃找尋物品。

我最喜歡的行李箱是一個有側開功能的二十吋白色行李箱，我通常會在長程的講座或短途的旅遊帶上它，側開功能的位置可以收納平板電腦、書本、筆記本、筆和行動電源，我可以在旅途中隨時取用，這些東西如果全部放在背包內太過沉重，但收進行李箱裡也不方便拿取，這時候有側開的設計真是非常便利。

5．行李箱留白三成

大家應該都有過出門前把行李箱塞滿滿，想著有些是消耗品，回程行李應該會變少，沒想到行李不減反增，塞到都快關不起來了，甚至為此還多買一個行李箱裝回家的經驗吧！

所以出門前的行李最好只有七成滿，或是準備一個折疊的行李袋以備不時之需，也可以將行李裝在小行李箱，再用空的大行李箱來裝小行李箱。

旅行中的靈魂拷問：

旅行途中或許有許多新奇、特別的物品會想要收藏，它們承載著許多美麗有趣的回憶，當你看到每個都想買，在理智與慾望間掙扎時，可以在購買前先問問自己：

Q1．是不是有類似的物品，比較起來我有更喜歡這個新東西嗎？

如果一樣功能的東西有好幾個了，那現在想買的這個在你心目中是最美、最好的嗎？你會為了買它而捨棄原本類似的物品嗎？

Q2．我有沒有比這個更想買的物品，我真的要把錢花在這裡嗎？

旅行前大概都會先做功課，知道哪些景點有什麼值得收藏的紀念品，或是當地才有的特產，所以可以大約預估一下這趟旅程在購物上的花費，選擇預算內的品項和數量購買。

Q3．買回去後要放在哪裡？或是要收納在哪裡呢？

如果是要長久保存的紀念品，或是體積比較大的東西，購買前先想清楚拿回家後要放在哪裡呢？好不容易騰出的空間，真的要讓它住進來嗎？我的櫃子裡還有位置嗎？

Q4．如果不想要了，這個物品可以去哪裡？

萬一買回家後發現不適合，或是買太多了，你預備怎麼處理呢？如果它的下場只能丟棄，那麼可得三思而後行。

以上的每個問題都有答案之後，就可以放心的選擇購買或不購買了，至於要花多少時間挑選送給家人朋友的禮物，取決於你這次旅行的目的，如果這是你旅行的期待之一，那麼你花費的金錢、時間與精神，會為你帶來相對的意義與快樂，但如果你是礙於他人的請託，因為人情的壓力而犧牲自己的旅遊，這並非你真心想做的事情，還是委婉地拒絕吧！輕省的旅行不只是物質上的行囊，更重要的還包含你當下的心情感受，所以不論買或不買，都要是愉快的旅程，都沒有遺憾。

帶著準備好的行李箱出門，有一種「這樣就足夠了」的滿足感與安全感，這就是旅行讓人感覺輕鬆愜意的原因之一。

得到的與失去的

有沒有一種料理，是自家的私房料理，在別處吃不到的，是記憶中熟悉的、愛的滋味。

先生家有一個有趣的傳統，每逢大年初一，婆婆會做一道極為特殊的料理，沒有正式的名稱，姑且就稱它為「炸蚵仔酥」，食材有蚵仔和香菜，非常多的蚵仔和非常多的香菜，它不是晚餐裡的一道菜，而是只有在「宵夜」才出現，因為滋味太過獨特也太搶風采，若當作晚餐，其他菜恐怕就乏人問津了。

婆婆做菜非常會控制「量」，她總可以算出每個人大概會想吃幾捲，然後一盤一盤的炸上桌，又一盤一盤的見底，據婆婆說這道菜是先生的奶奶教她的，她也沒有在其他地方看過，可惜我至今還沒學會。

婆婆是個笑容親切，溫暖優雅的人，她的廚房更是有別於一般家庭的樣子，分類明確，井井有條。剛結婚時，婆婆說廚房的事她來忙就好了，原先我以為是客套話，沒想到過了十六年了，我還真的沒進廚房忙過，有時只是幫忙收個碗，擦個桌子，婆婆就會過來說：「去客廳聊天，這裡我來收。」

婆婆下廚時，呈現一幅和諧美好的風景，她總是邊哼著詩歌，邊和家裡的狗說話，再不然就是孫女們跑進跑出，黏著婆婆談天說地，有時我在房間彈琴，婆婆就跟著我彈的旋律哼唱，大概很少有人像我一樣對於回婆家感到自在與期待，以至於我常在想，自己怎麼這麼好命。

婆婆家冰箱的冷凍庫更是厲害，不論是洗淨切好的配料，或是烹煮完成的料理，婆婆都習慣用不同尺寸的夾鏈袋分裝，再按照人口數取出使用，或是當成便利包讓我們帶回家。

可惜如今婆婆不在了，從發現罹癌到離世僅短短半年，在最後這段時間婆婆和每個家人做了告別，也在還有餘力時把冰箱裡的食材分送給鄰居好友，婆婆一生和善待人、對我們照顧有加，真的很想念她。

雖然再也吃不到婆婆做的特殊料理，但在記憶中留下永遠難忘的滋味，婆婆過世後，廚房便交由先生的姊姊打理，一直以來她都承擔著對公婆的照顧與陪伴，除了住得近以外，更多的是姊姊對其他家人的體貼，姊姊把婆婆的冰箱整理得就像是教科書般的畫面，不僅看起來整齊方便又療癒，也彷彿是婆婆還在的樣子，如今每逢佳節，桌上慢慢地又出現了婆婆的私房料理，看到姊姊在廚房忙進忙出的身影，得到與失去間，有時是一體兩面。

當下廚不再只是為了填飽肚腹的「例行公事」，而是能用料裡串起家人間的情感，在細細品嘗的美味中，溫暖也細水長流，注入每人心間。

食物的魔力，在於它有故事、會讓人回味，食物的療癒，在於餐桌旁的每個人，大家共同串起的愛和溫暖的回憶。
也許，得到的反面，並不是失去，而是永遠的想念。

婆婆每年過年都會為孫女們縫製新衣，這些獨一無二的手作服，和婆婆慈祥溫暖的笑容一樣，都成為家人們最珍貴的回憶。

Part 3
舒適生活的十個步驟

洗鼻器
購物袋
紙袋
夾鏈袋
瓦斯罐

・舒心生活的開始・

整理前

拍照 、構思 、集中

竭盡所能的拍下家中所有角落，重新認識自己的家

↓

整理中

精簡 、分組 、設限＆設線

去蕪存菁，一步步設定物品數量和界定空間的界線

↓

整理後

配置 、就位 、優化 、維持

讓每一步都更順手，打造不費力又宜居的使用動線

整理前

拍照

拍下家的模樣，竭盡所能的拍

想整理時，不要急著動手，先拍照吧！

拍下回到家中的第一眼畫面，拍下代表家人生活重心的客廳，拍下擔當料理重鎮的廚房，拍下占據每日生活三分之一的就寢空間，退後一步，拍下全面的風貌。

接著打開櫃門抽屜拍一拍每個抽屜都裝了什麼？每個櫃子是怎麼使用的，面對現實的拍，鉅細靡遺的拍，往前觀看，聚焦局部小範圍。

你會驚訝這些照片透露出來的訊息，有些畫面你不曾留意過，即便如此不合理，但卻是每天身處其中，渾然無所覺，有些東西你不曾使用過，甚至遺忘了它，但它卻理所當然的占用著你的領地；有些物品打開這個抽屜也有、打開那個櫃子也出現，到底是買了多少？

你的心底可能會因為這些照片產生諸多疑問，而這些疑惑就是改變的開始。

相信直覺

不一定有什麼理由，有時候只是覺得這個地方看起來有點奇怪，那是以旁觀者的角度看著照片時才會有的直覺，肯定是畫面中呈現出某種程度的「不協調」，如果沒有觀看照片，可能會直接略過不當一回事，也許是櫃子頂部有點突兀的雜物，也許是廚房檯面堆積的回收垃圾，如果任由其發展，將來某一天，櫃子上方的雜物可能會掉下來砸到頭，廚房也有可能因此滋生果蠅、蟑螂。

保持開闊的心、啟動敏銳的觀察力，時常打開五感去感受生活，就能訓練精準的直覺，不論是人生中的大事，或是整理、選物這種小事，相信「直覺」往往都是最正確的選擇，而「拍照」是開啟你重新認識這個空間的一把鑰匙。

整理前的第一步，先拍照吧！

拍下家裡各角落的照片，啟動你的直覺觀察每一處，重新認識你的家、重新打造理想的空間。

整理前

構思

邊拍邊思考，哪裡有問題＆設定目標

看著照片中的空間，你是覺得熟悉，還是有點詫異呢？

1．找出多餘的部分

鞋櫃上的小植栽都枯掉了啊！餐桌有一半都被雜物占據了呢！電視櫃前方堆積好幾個收納箱，以至於電視櫃抽屜只能打開一半，於是原本收納在抽屜裡的工具，就直接被丟在電視櫃上。臥室門把掛滿袋子，開門時常常卡住，那原本收納袋子的地方又放了什麼呢？**請試著找出空間裡多餘的訊號、多餘的數量與多餘的類別。**

2．找出覺得困擾的地方

就算有點不方便，但因為是每天生活的家，我們很容易習以為常，也對凌亂視而不見，但看著照片中的空間，以旁觀者的角度檢視，有些分明是很不合理的情況，怎麼從來都沒有發現呢？難怪在使用這個空間時，常常令人感覺煩躁，請試著找出覺得困擾的地方。

接著觀察關於「使用動線」與拿物品時所需的「動作數」有沒有什麼困擾。明明是常用的東西，怎麼會關在櫃子深處呢？奶瓶的收納處和熱水壺、消毒鍋距離也太遠了吧！奶粉罐有些重量，適合放在那麼高的層架嗎？

拍照後，請在照片中一一圈出讓人感覺困擾或困惑之處。

我在兩年前開始愛上鑄鐵鍋，因為鑄鐵鍋徹底改變我下廚的習慣和頻率，所以也陸陸續續蒐集了一些不同尺寸、顏色的鍋子，原本有部分鑄鐵鍋收納在櫥櫃內部，因為櫃子很深，放置的位置較低，鑄鐵鍋又重，每次蹲下去拿取都覺得有點麻煩，也有些吃力，並且櫃子有門，我無法展示這些如同藝術品般的美麗鍋子，覺得有些可惜。

3．整理完後，我希望可以……

意識到讓人困擾的原因後，我選購了一個新的木製收納櫃，取代冰箱旁的不鏽鋼層架，木製收納櫃有兩層開放式的儲物格，我剛好可以展示和收納鑄鐵鍋，並且儲物格的高度不用蹲下來就可以拿到鍋子，下方的抽屜可以收納原本就放在此處的零食、餅乾和常用備品，此處所有的物品拿取皆更為便利，也更好維持。

另外，原本收納在不鏽鋼層架的電器與備品，則趁機再次減量，保留最常用的放在原處，其他則移到原本放鑄鐵鍋的櫥櫃內部，每個種類各司其職，安穩妥當的各就各位。

整理前的紙上作業

如果常常覺得整理是知易行難的人，可以練習先在紙上作業，寫下想要整理的範圍、時間和目的，然後試著做看看，覺得不對勁就再調整，沒有一次到位也沒關係。

把整理的計畫寫在行事曆中，是我一直以來的習慣，有時計畫一天，有時是一整個禮拜，每天整理一個區域，計畫中包含預估花費的時間、想要解決的問題、需要調整的動線或新增的收納用具，我都會一併寫到行事曆中，我發現只要寫下來，會更增強對於整理的需求和動力，有時預定的日期還未到，就已經迫不及待想要開始了。

「構思」的重要性，在於可以梳理實際的狀況和理想的樣貌有何落差，找到調整的地方後，可以用文字記錄下來，你希望這個空間整理好之後，可以帶來什麼效果，其中包含對自己的希望，以及對空間的期待。

經過構思後再進行整理，會有更明確的目標，也會更有效率，進行物品取捨時，也不會只是盲目的丟東西，整個過程都是細心思考後才做的決定，對於整理這件事會更有自信，是更正面積極的意義。

木製收納櫃有兩層開放式的儲物格，可以展示、收納鑄鐵鍋，下方的抽屜收納零食、餅乾和常用物品，重新構思後的空間果然幫生活大大加分。

整理前

集中

下架、清點、確認數量

集合是為了清點，清點是為了確認數量，就像學生去戶外教學，會有固定時間和地點集合，只不過這樣的集合是為了避免有人脫隊，確認人數沒有短少，但清點物品則是防止有物品濫竽充數，確認沒有多餘。

好處1：認清物品總量及類別

先以大類別集中物品，可參考左頁的表格，來集中各個空間的下架物品，此時你可以做一個有趣的實驗，在下架前猜測這類物品的數量，例如：你集中所有的長褲之前，先猜看看這些長褲的數量，假如

各區域常見的物品類別

玄關、客廳

外出用品、公共備品、影音用品

廚房

工具類、容器類、食物類

臥室

衣物類、寢具類、個人用品類

兒童房

衣物類、玩具類、育兒用品類（學習用品類）

書房

書籍、文件、文具（辦公用品）

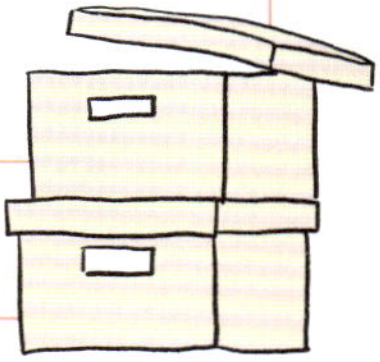

你是一個很少整理也很愛買的人，你猜測的數量和實際上會有很大落差，這樣的結果同時透露一項資訊：**我們擁有的太多了，多到自己都無法估算。**

我曾經在教授整理課程時，請學員將鞋子全數下架後，進行清點與篩選，其中一位學員問我：「老師，鞋櫃裡面都是我很喜歡的鞋，都是要穿的，應該不用全部拿出來吧！」但後來她還是照著我說的，不但全數下架，還把類似款式、相同顏色的鞋子排在一起檢視，突然間她發現，光是相似度極高的白布鞋就有八雙，另外有十幾雙高跟鞋穿不到五次，大部分她早就忘了，由於穿了腳很痛，她並不打算留下來繼續穿，最後原本以為可以不用篩選的鞋櫃，竟然清掉了將近一半的鞋子，這就是下架集中的魔力，你一定要試看看。

好處2：可以清潔櫃內

收納櫃的內部平常不太會去清潔，特別是不常拿出來使用的物品，也許櫃子內累積了許多灰塵和髒汙也很難發現，趁清空櫃子的好時機，也順便清潔櫃內，若是活動式的家具，也可以趁著清空櫃子的機會，挪動搬移櫃子，清潔櫃子底下與後方地面。

擦拭得乾乾淨淨的櫃子也有著迎接貴賓入住般的慎重，那些可有可無，不怎麼喜歡的物品，就不要再放進來占空間了。

好處3：能看清楚收納空間大小

擦拭完內部空間，想像往後要怎麼擺放、怎麼使用，沒有被物品占滿的櫃子好美也好寬敞，以往的你有確實讓它發揮收納功能嗎？它是物品美麗舒適的家嗎？還是只是像倉庫甚至垃圾場般的存在呢？

從今以後，你想如何使用這些空間呢？

好處4：可設定整理目標

終於看清楚櫃內大小後，再望向集中於一處的物品時，你內心可以盤算需要精簡多少數量，才能讓剩下的物品安穩的住回去櫃子內，知道需要捨棄的量再來篩選，會比較有決斷力與安全感。

除了數量以外，對於這個區域的整理目標，也會在下架清空後開始湧現，例如：原本沒有空間的廚房檯面，在下架所有物品後，也許就浮現了：「我只要把沒在用的微波爐和電烤盤捨棄，就可以有備料和盛盤的檯面……」像這樣清晰有方向的目標。

好處5：下架後才是真的面對

雜亂的收納空間有兩個特色：一是所有雜物往上疊，二是見縫就塞，整理時如果只是打開櫃子看一看，是無法發現那些塞在下方、後方以及縫隙處的物品，唯有從櫃子內全數下架才能完全辨識，沒有下架集中的整理，不過是只選擇想面對的，無法處理的就繼續逃避，可想而知不會有太大效果，

把物品解壓縮後，才是整理的開始。

拍照 如實記錄實況、激發動機！

構思 思考想要的目標。

集中 把物品點點名，算算有多少？

整理中

精簡

去除不要的，留下最好的

當東西從櫃子、箱子甚至是地板被撈出來集中後，原本擠壓在固定空間的物品，瞬間如同爆炸般遍滿地上，看到這樣場景的你，想必是不甘願再把它們重新塞回去的，所以，來徹底精簡一番吧！

去蕪：去除不要的

從櫃子裡挖出來的不見得都是寶貝，有可能是顯而易見的垃圾或廢物，可以先備妥幾個垃圾袋和紙箱，在下架的同時直接把垃圾和壞掉的東西放入垃圾袋裡。

但雜亂的家要面對的，不只是垃圾，

更可怕的是那些你以為還會用、覺得沒有壞就不能丟的「閒置物品」。

不論是被電視購物洗腦下單的電動削皮機、還是號稱可以減量百分之五十的壓縮袋、早就已經變成衣帽架的跑步機、和同事朋友一起合購的各種保養品、精油，看起來都還能用，搞不好還是全新的！但此時都不要再考慮了，只需要問問自己三個問題，就足以判斷它是否還要留下：

問題1：倘若再讓我重新選擇一次，我還會花錢買下它嗎？

問題2：我看到它的時候，開心嗎？心動嗎？想得起來上一次使用是什麼時候嗎？

問題3：它到底要放在哪裡？有位置好好收納或使用它嗎？而且不是硬塞喔。

只要有一題回答：「ＮＯ！」這個物品就可稱為閒置物品。

所謂的「去蕪存菁」就是去除雜亂，保留精華，「蕪」指的是在農耕的田裡出現的「雜草」，農夫期待收成豐碩，需要避免雜草「分薄」了土地的營養，所以就需要將「蕪」去掉，農夫對於「蕪」可說是避之唯恐不及。

然而這些「蕪」出現在家裡時，卻彷彿什麼財大勢大的土皇帝，地位無可撼動，其實轉念一想，再怎麼嬌貴、得來不易的物品，也不可能取代你成為空間的主角，而你也不是它的僕役，不需要屈就自己配合它、聽命於它。你才是這個家的主人，它的去留由你決定，如果不把荒蕪的雜草去除，就會遮蔽甚至吞噬掉最後的收成。去除雜草之於農夫，就像去除雜亂之於主人一樣，都是應盡的本分。

存菁：保留最好的

同樣的三個問題，答案如果都是肯定，即是需要保留的物品：

問題1：倘若再讓我選擇一次，我會再次花錢買下它。

問題2：每次看到它時，都讓我感到心動、喜歡，我常常使用、觀賞它。

問題3：我想要讓它有位置好好收納和使用，為了它我願意騰出空間。

因為好用到我願意再次買下它，所以必定是會長久使用的物品，每次看到它們都感到開心，所以能心滿意足的生活著。加上有妥善的位置管理它們，所以能大大發揮功用，為這個家貢獻一己之力，保留不要的，就會看不到最好的，唯有去除不要的，最好的才會顯露。

「去蕪存菁」的由來

「去蕪存菁」出自清朝李文藻編《四庫全書》時，主張刪除雜亂內容，保留精華。整理時也可運用此概念，將雖完好但不需或造成困擾的物品捨去，只留下真正實用的東西。

整理中

分組

分門別類，一切就緒

不少人在整理時，對於如何分類感到苦惱，不分類通通塞在一起，物品當然找不到，但分得太精細卻也記不住，導致越分越亂的例子時有所聞，建議大家不用執著於「類別」，而是用「群組」的概念，把有關係、可以聯想的到、常常一起共事的物品分成同一組。

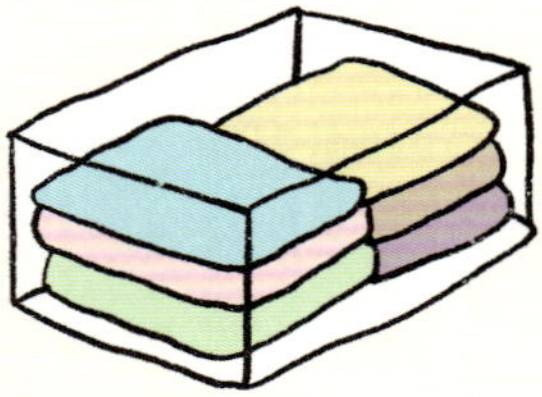

依照使用頻率分組／同類別不一定同一組

我家的電視櫃有兩個抽屜皆做為工具的收納處，其中上方抽屜收納「常用工具」，例如：剪刀、膠帶、指甲剪、電池等，像這種幾乎每周都會使用的物品，選擇打開抽屜「一個動作就拿得到」的方式收納，一目了然不用翻找，數量不足或遺失也很快就能發現；而下方抽屜是「少用工具」，像是鐵鎚、螺絲起子、釘子等，因為很少使用，每次使用時也都在不同地方，所以我利用有提把的收納箱把這些不常用的工具收在一起，需要時再把收納箱提到使用位置。

這例子可說明「同類別的不一定都是同一組」，而是按照「使用頻率」來分組，越常用的拿的動作數越少越好，不常用的就不必太講究收納細節，只要定位放在一起就好。

區分「活躍」或「備用」型態

一樣是口罩，有放在玄關處每天取用的口罩，也有放在備品區尚未開封的盒裝口罩；一樣是牙線棒，有放在餐桌附近抽屜裡每天使用的，也有放在備品區待用的，一樣的物品，也要區分處於「活躍型態」或是「備用型態」，它們是屬於不同群組的收納系統，處於活躍型態的物品需要考慮的是拿取的便利性，而備用型態的物品要定期清點、適時補充，建立完善的後勤補給系統。

依照功能分組／一起使用的就放在一起

大部分的物品都是協助我們處理某些事情時的「工具」，基本上都有其功能，有些事情必須同時有好幾樣工具才能完成，而這些工具就形成一個「群組」。

每天都會用到的藥膏

某次整理課程的進度走到客廳區域，一位相當認真的學員私訊我，劈頭就說：「老師，我這幾天因為整理客廳跟先生吵架了。」原因是她在整理醫藥箱時，把先生最近早晚都要擦的皮膚藥膏也一併放入醫藥箱，醫藥箱又放在電視櫃的最下層，導致先生每次擦藥的時候都要耗費一番力氣和無數個動作才能取得藥膏，所以就不太高興的埋怨她，學員覺得委屈，只不過要求先生物歸原位，有這麼困難嗎？

聽完了整個事件，我跟學員說：「如果我是你先生，我也會生氣，因為真的太麻煩了。」學員的盲點在於沒有區分這件物品的型態，只在執著「分類」和「物歸原位」，但醫藥箱裡的其他藥品都屬於備用物品，只是備著平常並不會使用， 而先生目前在擦的藥膏是屬於活躍物品，應該要放在立即可取得的位置才對。

於是我建議她將藥膏裝在一個沒蓋子的小盒子內，放在先生每天進出門都會經過的鞋櫃上方，出門前穿鞋時順便擦藥，回家後也是，既不會忘記醫生的囑咐，也不用因此跟太太吵架，而學員也不會越整理越懷疑自己，皆大歡喜。

從一整天的行為來看，起床後有「盥洗群組」，換裝出門有「衣物群組」，冬天寒流來襲時還會有「保暖群組」，出門要攜帶的物品有「隨身用品群組」，如果是要旅遊玩樂，還有「登山群組」、「露營群組」、「游泳群組」、「玩沙群組」等。

家裡使用的物品也有群組，醫藥箱和工具箱就是最好的例子。此外廚房有「備料群組」、「烹調群組」、「烘焙群組」、「調味料群組」、「保鮮盒群組」、「清潔備品群組」，兒童房則有「玩具群組」、「教具群組」、「繪本群組」、「勞作群組」、「學習用品群組」等，不勝枚舉。

用分組而不是分類的概念，好處是不用執著物品是什麼類別，而是考慮哪些物品是一起使用的，既不會卡在類別的分辨，進入後續步驟時，能更精確找出適合的收納位置和收納方式。

由左至右分別是「隔熱墊、杯墊群組」、「餐具群組」、「3C 用品群組」，它們都是使用餐桌時會用到的物品。

分不出類別的也是一種群組

綜合上述，分類完各種物品後，還是會遇到較為孤僻、單獨存在、沒辦法分組的物品，很多人就會在這個階段卡住了。其實解決的辦法很簡單，就把這些無法分組的物品歸類成同一組吧！它們就是「沒有類別的一組」。比方孩子們零散的小玩具、先生雜七雜八的小收藏、自己的興趣手作等，總而言之，不會分類的就不要分，否則也是記不住多此一舉。

群組收納讓找東西變得簡單，只要稍微記住大方向的定位，就能馬上找到所有東西，一次拿到所有需要的物品，感覺俐落又有效率，再次證明「不會整理的是懶人，會整理的是比懶人更懶的人。」

整理中

設限＆設線

畫清界線＆定量，剛好就好

「設限」的對象是物品，指的是對物品數量與存放的位置，設定範圍與限制；而「設線」的對象是空間，設定各個空間的使用功能和規則，立下界線。舉例來說，「定量」或「收納」即是一種設限，物品不能超出某個數量，或需要收納在特定的位置；而「確定每個空間的功能」、「客廳不要放置個人物品」，就屬於空間使用的「設線」。

在思考物品取捨時善用「設限」，規畫空間動線時需要「設線」，整理過的空間相對容易維持不會復亂。

設限是自律的表現

「設限」乍聽之下好像很受拘束，似乎感覺被強迫需要節制一樣，但設限其實是想要讓生活更舒適美好，而自發性規範自己的一種行為，無論丟或不丟，收拾或不收拾，都取決於「人」、「空間」、「物品」這三者間是否協調的關係。

假設一個居住在大坪數透天厝的人，即便物品很多，但他對於空間的需求有被滿足，在有點亂的環境中仍然可以順利愉快的生活，那麼此時的「人」、「空間」、「物品」處於一個協和的狀態，整理收納就不是非得要進行的事情。倘若有一天，這個人意識到自己年歲漸長，若有一天離開人世，留下來的物品會造成子女或另一半的困擾，此時，「人」這個環節產生了變化，使得這三者間不再協調，那麼就有了整理收納的需求，一旦開始整理，就會將物品的數量、收納方式、收納位置定下限制，連帶的「空間」也會發生變化，這三者間可說是彼此相連，互相牽制。

如何設限？

1 用收納空間大小決定物品數量：
比如鞋櫃可以放得下幾雙鞋，就留幾雙鞋，衣櫃、櫥櫃、書櫃也是一樣的道理。

2 以家中人口決定物品保留的數量：
比如家裡有 4 個人，雨傘就留 4+2 把，1 人 1 把，兩把備用替換，其他如餐碗、餐具、水壺、杯子也可以這樣做。

3 以購買頻率算出需要準備的備品數量：
比如菜瓜布每周換一個，三個月會購買一次，那麼一次就是買 12 個，也可以把所有需要添購的備品都定在同一個時間買齊，省時省力也省去覺得不足的擔憂。

所以「設限」並非要刻苦己身，而是因為對於空間有新的需求，在處理物品時必然會需要自律的一種過程。

設線是為了善待空間、珍惜物品

沒有界線的空間，物品在家中隨處蔓延，最常見的是有小孩的家庭，因為空間的使用沒有界線，到處都有小孩的玩具。沙發、牆壁、餐桌上都是髒汙，如果父母不在意，覺得只是過渡期，等他們長大就好了，那麼這個跡象很可能會一直維持到他們長大後還是如此，孩子對於生活的空間沒有維護與整理的能力，自己的書包書桌亂得一塌糊塗也不以為意。

如果能在孩子發展認知、探索學習的幼兒階段，就灌輸他們「界線」的概念，「拿出來的物品要讓他們回家喔」、「垃圾就要丟到垃圾桶裡，家裡才會乾淨喔」、「這是爸爸的東西，要問過才可以拿」、「水果雖然很好吃，

如何設線？

❶ **公共區域不放置個人物品：**
若一定會需要放在公共區域，也請給予固定的位置收納妥當，並且不要隨意增加數量蔓延到其他空間。

❷ **保持平面淨空：**
桌、椅、床鋪等支撐型家具不是收納家具，使用完請將物品歸位，方便下一位使用者或下一次需要時可以立即使用，不需要再挪動平面上囤放的物品。

❸ **共用臥室清楚畫分個人空間：**
比如衣櫥一人一半、抽屜一人四格，櫃內、抽屜的物品交由個人管理，其他人不用干涉，但其他人也會使用到的部分，如房間的地板、浴室的洗手台，請共同維護，尊重他人的權利。

❹ **購買放在公共區域的物品，要先取得他人同意：**
比如按摩椅、跑步機、大型家具等，凡是會影響到其他人生活動線，會增加整理難度的物品，請務必取得共識再帶回家，切勿擅自做主。

但也要問過其他人是不是還要吃，不能自己吃光光喔！」這些都是在訓練孩子建立「界線」的概念。

設限／線，是為了不委屈自己

買了嚮往的大餐桌，但已經很久沒在餐桌上吃飯了嗎？精心挑選了很有品味的沙發，但你常常需要和衣服包包共享這個沙發嗎？明明買了不少備品，但每次要用的時候都不知道要去哪裡找，找到的都是沒那麼喜歡的，保養品囤太多了，放到都快過期還用不到，食物也是這樣的情形。房子越換越大間，但能用的空間還是越來越少，到底花錢換房是為了自己還是為了用不到的那堆物品。

那麼就幫物品的數量定出限制，幫空間的使用定出界線吧！

物品若沒有「設限」控制數量，空間若沒有「設線」恣意囤積，整個家就如同被自己「設陷」般，滿地的雜物就像地雷，讓人動彈不得。

精簡 去蕪存菁。

分組 依照類別和頻率歸類。

設限&設線 不囤積、保持秩序。

整理後

配置

重新配置，最佳動線

配置動線

試著模擬一整天在家裡的路徑，會走到何處做什麼事情？同時會拿取什麼物品，拿到哪裡使用？使用完如何回復原狀？這就是動線。

家裡泡咖啡的配置是我最佩服自己設計的動線之一，家中的廚房有櫥下式瞬熱飲水機，飲水機旁有一個餐邊櫃，上方則有上掀的收納櫃，我把咖啡豆、磨豆機、咖啡機放在餐邊櫃上，咖啡杯、濾紙放在上掀櫃內，所以我只要站在飲水機的位置，從磨豆、放濾紙、水箱加水、煮咖啡、裝泡好的咖啡，可以一個腳步都不用移動，就把咖啡煮好了，餐邊櫃旁邊就是冰箱，如果想加牛奶，手伸長一些就拿得到，最聰明的是冰箱側邊還用磁吸收納架放了攪拌棒，要來杯風味拿鐵也不費吹灰之力。

這就是符合自己生活動線的配置，從腳步的移動、身體的負荷程度，到手拿取物品的動作數、最後清理與歸位的時間，如果越少、越簡單，就代表動線越流暢。

配置物品的家

照相有所謂的C位、聽演唱會有VIP包廂專區、飯店有總統套房，而物品的家也有所謂的「黃金收納區」。

你家的黃金收納區在哪裡呢？最簡單的辨別方式，就是藉由找到家中進出頻繁的動線，動線停頓點落在哪，黃金收納區就在哪。

玄關通常是全家人的黃金收納區，因為這是會頻繁進出的區域，也會是需要拿取很多物品的場所，想像你出門的動線，走到玄關處，穿襪、穿鞋、穿外套；拿起包包，裝進去皮夾、車鑰匙、手機、充電器；視天氣的變化，戴上口罩、圍巾或雨傘；這些物品必定需要有一個容易拿取的收納處，就是所謂的「黃金收納區」。也許是鞋櫃加上收納抽屜或收納籃，有衣帽櫃更好，沒有的話在牆壁裝置幾個掛勾也行，總之**配置物品的家有一個大原則，即「常用的物品，在哪裡使用就收納在那附近」**。

配置收納用具

找到物品適合的家之後，還要給予適合的收納方式，有時不可避免要用到一些收納用具，就好像「幫物品蓋房間」一樣，同一個群組的物品可以住在同一個家，但家裡面要有房間，也就是用收納用具做更精細的分隔，才能讓物品一目了然、方便取用。

收納用具的種類大概可分為四種，可分別對應到不同款式的家具協助更精細的分隔分類。

1．收納盒、檔案盒

尺寸多、用途廣，同色系併排簡約美觀，用在層架式家具，讓處於高處或深處的物品都更好拿取，用在抽屜式家具讓空間更有效的分隔使用，有助於分類和控管物品數量。

2．分隔板、分隔架

分隔架適合讓直立式收納法的物品做分隔，用在層架式家具或檯面上皆可，使物品能穩穩站立。而分隔板意味著將空間上下一分為二，像是「樓中樓」的概念，解決了櫃子的層板之間高度過高的困擾，架高後的檯面也有展示的效果。

3. 抽屜箱

可以放在層架家具內當分隔，也可以單獨取出使用，它的好處是可讓層架型家具也有抽屜型家具的優點，物品放在抽屜內一目了然，小抽屜更是利於小物分隔，善用抽屜箱可說兼具實用與美觀。

4. 壁掛式收納

可利用壁面，增加收納空間，讓物品顯而易見，好收易拿，適合收起來就會忘記的人使用。另外風格簡約的壁掛式家具可點綴單調的空間，有畫龍點睛的效果。

質感收納，美好日常

配置物品的家和房間，就是所謂的「收納」，收納並非只是把物品藏起來，也不只是排整齊、打掃乾淨，而是為心愛的家人（包含自己），設計輕鬆生活的動線，也是為珍視的物品，安頓在這個家的專屬位置，更重要的是讓自己愉悅、療癒身心的作法。

所以不管看的見或看不見的地方，只要保持這樣的心意，就會漸漸愛上自己的房子，以及平凡卻富質感的日常。

好的收納，就是讓人感覺「親切」的收納，適合家中所有的人使用，簡單、順手、不麻煩。

整理後

就位

貼上標籤，再也不怕找不到

現在物品可以安穩地住進你幫它打造的家，也許還有舒適的房間呢！但你知道一個居住空間裡，究竟會有多少件物品嗎？你確定自己會記得所有物品的家在哪裡嗎？

日本人曾經做個這樣的實驗，實驗團隊前往一戶有兩大兩小成員，平凡的四口之家，將家中所有物品下架，一件件的清點數量，他們並沒有刻意找一個擁擠凌亂的家，相反的這個家庭的物品是井然有序排列存放著，就像我們常在社群軟體裡看到的日本簡約風住家一般，但結果依舊驚人，清點後這個家的物品總計有近四千件，等於一個人平均有一千件物品。

但是每個人的頭腦裡能記得住的物品，大概也就一百件，因為生活中還有許多更需要腦容量的事情，尤其若你不是家中主要整理家務的人，想必會放進腦海裡的物品就更少，這也就是為何人們一天到晚在買東西，卻又一天到晚找不到東西，意識到問題的人會把所有東西收納妥當，以為從此一勞永逸，結果過了一陣子就忘記收到哪裡去了，又開始過著一直買東西、找東西的日子。

標籤就像導航

我的第一台標籤機大約是八年前買的，起先我覺得家中物品並不多，用不著使用標籤機，但隨著家中成員增加，收納的物品種類也增加，一天到晚叫媽媽幫忙找東西的場景，相信大家都不陌生，貼上標籤標示出物品位置，就好像使用導航指引路線一般，只要照著標籤指示，就一定找得到東西，當然前提是上次使用完有歸位。

各就各位

對我而言，標籤還有一個神奇的功效，凡是貼上標籤的物品，我就不容易忘記它和它放的位置，而這個物品也從此在我家「就位」，無論是用在廚房、浴室、客廳或臥室，或是衣物的收納、文件的管理，甚至燙印標籤、禮物包裝等，貼上標籤的大家，彷彿蓄勢待發，準備充分的發揮功能。

感覺容易變亂的地方，增加臨時收納區

就位後的空間，一開始都很美好，實際使用後會產生一個常見的問題——「總有幾處角落特別容易變亂」，仔細觀察後會發現這些容易凌亂的地方，都是物品常在流動的區域，如玄關處來不及處理的包裹信件、回收區沒有分類的垃圾、房間內還沒有摺好的衣服、工作桌上散亂的資料，正在使用的運動器材、烹調用具等；**建議大家可以在這些地方設置「臨時收納區」**。

與其用五顏六色的收納盒來區分類別，倒不如統一收納盒顏色，再輔以標籤協助辨識類別，如此一來方便和美觀兼具，用得順手也看得順眼。

玄關櫃保留一層是包裹信件的臨時收納區，收下來的衣服沒時間摺，就先丟進乾淨的衣物籃，臥室空間足夠時一人一籃更方便，廚房水槽就是烹調用具清洗前的臨時收納區，檔案盒是資料的暫放區，臨時收納區可以集中待整理的物品」避免散亂、維持空間的整齊，也能提醒自己還有多少物品等著你去整理，**如果說留白的空間可以製造「小花效應」，那麼臨時收納區就是避免「破窗效應」的絕佳對策。**

拍照記錄

記得物品在哪非常重要，因為記得物品，才會記得使用，當物品在這個家裡有一個固定位置時，它在每個家人的心底也會有一個位置。將所有貼上標籤的收納盒拍照建立一個相簿，就如同這個家的使用手冊，這個家的導航系統。

整理後

優化

四原則，美化家裡不 NG

打造簡約空間的歷程中，會經歷過幾個時期，第一步是「減少」，去除多餘的，真正需要的才會顯露出來，這是堅信「越少才會越好」的時期。捨得一身輕後，會進入第二個階段，雖然一方面減少不要的物品，另一方面也在增加更適合、更喜歡、更有質感的東西，因為越來越了解自己，所以開始步入「越好才會越少」的時期。

好，不一定是昂貴的價格、不一定是頂尖的王牌。好，是在每日的食衣住行間，對生活小細節的注重、是對美的感受，是預備妥當後迎接喜愛之物進門，然後享受跟它相處的每個時刻。

越好的生活環境，即是「優化」後的空間，以簡約風格來說，可掌握以下原則來打造：

簡約色系

1．以白色為主色，占色彩比例百分之五十

牆面、天花板、大型家電、居家用品，沒有把握能配出協調的顏色時，就選用最安全的白色，覺得白色太過單調，也可以用奶白色、米色等，尤其像狹小的廚房空間，如果又擠上花花綠綠的各種用具，怎麼整理都嫌凌亂，這時將各種烹調用具、鍋具、廚房家電統一為白色，就能減少視覺噪音，營造空間有大量留白的感受。

2．大地色系家具及軟裝，占色彩比例百分之四十

家裡最大的家具就是地板，另外櫥櫃、鞋櫃、書櫃、衣櫃等大型櫃體，

選擇統一風格的淺木頭色，例如：橡木色，會比深色系還要更溫潤清爽。

大面積的軟裝如沙發、窗簾、床單等，使用淺大地色系，如亞麻、奶茶、淺灰色等，要將家裡打造成休憩的場所，就要避免太飽和或鮮豔的顏色，讓眼睛也能好好放鬆。

3．其他色系的軟裝，占色彩比例百分之十

如果喜歡其他繽紛的色彩，可以用在花瓶、餐具、食器等小物上，也可以選擇彩度較低的綠色、藍色，用在抱枕、地毯等軟裝。

光線照明

要避免極簡風顯得太過冷清，如果整個家都是白晝光的燈泡，會顯得太過明亮，一不小心就會看起來像醫院或公家機關；但是帶有黃光的燈泡色，又顯得太黃、太暗，容易讓眼睛疲倦，所以可以在客廳、書房選擇比燈泡色更亮，帶有象牙色彩的自然色，房間、廚房則選擇相對溫暖放鬆的燈泡色。

裝飾美化

收納櫃上方，可放上裝飾美化的物品，但一個平面不放超過三個，裝飾的面積最多只使用平面二至三成空間，利用少許的小物，呈現每個家獨特的風格。

植栽

植物是最好的裝飾品，簡約空間結合綠意植栽，不僅有畫龍點睛的效果，也能淨化空氣、消解壓力，使空間溫暖也更具生命力。

木質相框或畫框

挑選喜歡的照片或畫作，用木質相框來妝點壁面空間，如果是家人的照片或作品就更吸睛也更有意義。

如同裝飾品般的生活用品

藤編面紙盒、簡約的咕咕鐘、可愛的保溫壺、像藝術品般的廚房小家電等，不用特別選用裝飾品，這些有質感的生活用品就是你個人風格的最佳寫照。

裝飾後的空間固然美好，但在空間優化前，務必先滿足家的基本需求，物品是否都就定位、東西是不是都找得到、生活環境安全無虞嗎？如果還無法達到上述目標，與其在櫃子上頭擺放漂亮的相框盆栽，還倒不如放一個收納籃較為實用。

留白

空間優化後，別忘了加上「留白」。擺滿裝飾品的空間一點也不美，數量一旦過多，美物也顯得不那麼珍貴；當空間開始有餘裕時，「留白」會漸漸成為整理的習慣，一開始是為了清出空間，所以被迫減物，但到後來是因為愛上了「留白之美」，所以樂於少物，並且自在舒適的減量制約。

不知道要擺什麼的時候，就先淨空吧！多不如少，少不如好，**有時候學會不放什麼，比放什麼更為重要。**

當空間開始有餘裕時，你會愛上留白之美，不再只想著要放點什麼，而是想著還能拿掉什麼。

整理後

維持

三技巧二方法，維持美好的家

在租屋歲月的八年裡，雖然過著近似購物狂的生活，每個月都在買新衣、新鞋、包包和保養品，小小十坪不到的租屋處，每個櫃子裡都塞滿東西，但因為每天都有學生要來家裡上鋼琴課，所以我練就了在十分鐘內就把家中收拾到可以待客的能力，雖然物品不少，表面上還是可以維持。

現在家裡的狀況不可同日而語，只是若要追求家中隨時隨地都像樣品屋，不僅失真也讓生活其中的人備感壓力，乾淨清爽的空間固然很舒適，但有時面對來不及復原的雜亂，就會頓時對整理後難以維持的景象有著無力感與愧疚感，其實，只要把握以下三個小技巧，便可以讓你快速恢復整齊，有客人臨時來訪也不用驚慌喔！

1．平面淨空

在家中到處都是平面，大到地板、沙發、餐桌、床鋪，小到各個收納櫃的上方，都稱為平面。

「平面淨空」是我很重視的整理原則之一，這是我長年執行的一個習慣，也是客人來訪前可以「投機取巧」的小訣竅，但建議平常就讓物品的收納處定位在櫃子抽屜內，只要物品的家不是在平面，並且定期的將散放的物品收回原處，那家中就不至於有太過凌亂的情形；若真的很難做到，也可先從公共區域（玄關、客廳）及大面積（地板、沙發、餐桌、茶几）的平面開始，若能在客人來訪前快速淨空這些區域，就能有自信的開門見客，寬廣的視線範圍內沒有雜物，當然也更舒適清爽。

2．大型物品靠角落放

除濕機、吸塵器、電扇、電暖器等大型家電，或是行李箱、洗衣籃、垃圾桶等大型物品，有時拿出來使用後就隨手擱置，或是平常放的位置是家中較顯眼處，因而阻礙到動線，也讓空間到處被切割而顯得狹小。

如果將這些物品靠角落或靠近大型家具周圍擺放，一方面視線不會立即看到龐然大物，另一方面也讓淨空的地板區塊完整，使空間在視覺上有放大的感覺。

3．設置暫放區

簡單來說就是**「亂一處總比亂全部好」**，與其整間房子處處凌亂，倒不如先把來不及收拾的物品集中在一處藏起來，如果都是小物品，最好是集中到一個箱子或一個袋子內，等到有空的時候，拿著箱子將裡面的物品一一歸位，這個箱子即是「隨身移動的收納箱」，如果是大型物品就集中在一個房間，而物品集中的房間就是家中的「暫放區」。

但要特別提醒，暫放區的空間不宜過大，也不要是沒有界限的蔓延，以一般的小宅來說，可以是比較少使用的浴室或是後陽台，而暫時收納的物品，還是要定期歸位清理，或至少告訴家人臨時收納處在哪裡，否則結果就是導致其他家人也找不到東西用了。

音樂與計時器

我是一個急性子的人，喜歡講求效率，但似乎這種積極的個性只展現在想做的事情上，某些必須得做卻不太想做的事，總是一拖再拖，就好比我看到餐桌上有雜物會想要立即淨空，但臥室地板上那一大籃還沒摺的衣服，我可以放上三天，要不是小孩已找不到制服、襪子穿，可能還是會繼續放著。

會拖延的事情在生活中還真不少，不只是家事，工作上的任務，日常的待辦事項、自我進修的計畫等，我試過許多方法想要改善拖延的狀況，後來發現加入音樂和計時器是最有效的方式。

音樂對我來說是一種提醒也是獎勵，所以只要點開想聽的音樂，身體就會不由自主開始行動，著手開始收拾，需要高度專注的工作也是，只要一播放音樂，就會自動坐在餐桌前打開電腦，開始寫文章或做簡報。

做家事如果一氣呵成，可瞬間解放一直做不完的心理壓力，避免中斷的有效方法就是──「按下倒數計時器」，另外滑手機是我最常導致拖延的原因，若不想被手機頻繁打斷思緒可以下載番茄鐘軟體，我會選擇嚴格模式，在計時期間禁止退出，有時候聽到訊息聲不由自主想去查看時，螢幕就會跳出警示訊息：「請五秒內返回應用，否則番茄將被廢棄」，嚇得我馬上端正坐好繼續專心工作；音樂和計時器就像整理技巧中的〈定量〉，表面上看起來是一種限制或制約，但實則是引導自己維持生活該有的品質，不過度使用時間和空間，如果你也因為拖延的狀況而苦惱，不妨試試看。

上述這些方法都不是整理收納後的成果，所以看似沒有什麼技巧，但它們是整理之路上的「彈性空間」，讓整理不但可以無壓力的持續進行，也能維持整理後清爽的面貌。

調整

整理是逐漸讓空間加分的一個過程，每次要處理的物品不同、空間使用的定位不同，自然沒辦法一次就整理到位；此外，隨著家裡越來越清爽，對於環境的要求和物品的選擇也會越來越嚴格，整理的目標也會從「只是乾淨整齊」進階到「想要更美更有風格」，這時候請回到一開始的步驟——拍照、構思、下架，重新打造不夠滿意的空間，不必對這樣的現象感到無奈，而是應該要期待，因為當空間感到需要調整時，即是對理想生活又向前邁進一步，你的家，即將要更美更好了。

家裡的每個收納空間，都歷經過無數次的調整，每次的整理都是逐漸加分的過程，而整理也成為我越練習越擅長的一種能力。

配置 設置最佳動線，重新開始。

就位 利用標籤幫家裡建立導航地圖。

優化 進行美化，越好才會越少。

維持 保持淨空、不拖延，朝理想生活前進。

Part 4 愈美才會愈少

簡約，是創造一個容易自省的空間

指導學員整理時，我需要他們回傳家裡的照片，幫忙診斷究竟出了什麼問題，有的學員拍完照，才赫然發現家裡恐怖的亂象，遲遲不敢將照片回傳。而當我點出可以調整的地方時，學員常常感到詫異，住了那麼久的家，有這麼多問題自己卻渾然未覺。

這代表我們身處一個環境久了以後，會逐漸習慣眼睛所見到的，所以即便是不合理的現象，也會慢慢麻痺。例如：餐桌堆滿雜物，導致沒有地方吃飯；沙發放滿了隨手亂丟的物品，抱枕掉滿地，出門前才在雜物堆中翻找鑰匙皮包；花好幾萬塊訂製的衣櫥掛滿了多年不穿的衣服，每天在穿的衣服卻沒有地方放，只好隨便披掛在椅子上；廚房的檯面被各種號稱很方便的電器用品、烹調器具淹沒，結果要備料時連個切菜的地方都沒有；最可怕的是，好不容易終於看到了這些狀況想要解決，結果買了一堆明星、網紅推薦的收納用品，但不知如何善用，最後還得幫這些收納用品再找收納空間，家裡越住越亂，空間越來越小，問題越來越多，那一件件曾經珍貴的物品，如今卻成了沉重的包袱，壓得這個家喘不過氣來。

這樣的情景，以前的我也曾經歷過，尤其有了小孩以後，雖然有甜蜜幸福的時刻，但也有許多挫敗感，常常感覺「不夠好」，總想做點什麼來突破自我、改變現狀。我想正是因為如此，所以坊間才有那麼多的勵志書籍、心靈成長課程。我們企圖從內心產生改變以影響外在世界，但整理卻是從改變外在環境開始，進而連結內心，構築更適合自己的生活方式，這也是《斷捨離》作者山下英子小姐所謂「看見家，了解心」的概念。

在疫情期間，有整整兩個月的時間幾乎足不出戶，所有的工作包含鋼琴課、整理課都改為線上教學，另外還有粉專文章、團購貼文要經常更新，先生依然每天照常上班，所以陪伴小孩、準備三餐的工作也落在我身上，那時候總覺得每天事情都做不完、覺都睡不夠、小孩一直亂吵，簡直快忙壞了。

於是我拿起筆記本，寫下：

①花最多時間做的事情：倒垃圾、洗碗、煮飯、洗衣服、線上買菜、滑手機。

②需要趕快完成的事情：工作。

③最想做的事情：休息、專心陪小孩。

只要把第一項目的時間減少，就能騰出時間完成後面的第二、第三項，因此我在家事動線、物品管理上做了以下一些改變，拯救快沒力的自己：

- **增設垃圾分類系統、分類洗衣籃，做家事更有效率。**
- **以保鮮盒管理冰箱，善用即食品、外送、廚房電器來縮短煮飯時**

間。

- 以臨時收納箱快速收拾玩具。
- 用專屬的音樂啟動孩子的儀式感，喝水有喝水歌，收玩具放〈鬥牛士進行曲〉，吃飯、遊戲、睡覺都有不同的專屬音樂。
- 適度添購玩具、桌遊，選擇孩子適合的卡通。
- 除了工作以外，手機最好丟遠一點，用番茄鐘軟體避免無目的的亂滑。
- 每天整理一類物品，從最容易凌亂的區域開始。

爾後，只要家裡有難以復原的情形，或是內心感覺特別繁亂、情緒起伏異常時，我就會在記事本裡寫下整理計畫，不一定只侷限在整理物品，有時是重新安排作息時間，有時則是安排旅遊或聚餐，讓自己放鬆也放空，屢試不爽。

簡約的家，很容易發現問題，一旦持續整理，則很快的可以找到改善方法，藉由少物開啟內心對生活的感受力，以「美」的視角來檢視物品與空間，現在的整個家，都在幫助提醒我：「需要做什麼？」、「可以怎麼做？」

整理不只限於物品和空間，同時還能清理混亂的思緒並安頓身心，幫助自己更快從生活的泥沼中脫身而出。

簡約的生活，是創造一個容易自省的空間。

以「美」的視角來檢視物品與空間，有哪裡需要改善，而停下來思考的同時，還能清理混亂的思緒並安頓身心。

過多有用的物品，會讓空間變得無用

通常對捨棄物品抗拒的人，並非從來不肯捨棄，而是曾經在丟東西這件事情上吃過虧，造成不利自己的後果，所以對於把眼前的東西清除，有著極度的不安全感。

也許是曾經把產品外包裝的紙箱丟棄，結果發現商品有瑕疵想要退換或維修，需要紙箱包裝寄回時，就開始後悔為何當初不把紙箱留下。

也許是曾經在整理文件時，順手丟棄了繳費收據，卻在日後收到未繳款的通知，為了證明是對方系統出錯，還要大費周章重新申請，從此之後所有收據都不敢丟。

有時候不敢丟的不只是有形的物品，打開我們的電腦、手機，即便儲存容量已經不足，我們也會未雨綢繆的留著這個、留著那個，對話訊息不敢刪，留著以後對質用；社團群組不敢退出，擔心失去人脈或得罪群組裡的人；臉書、YouTube 追蹤一堆頻道，打開手機就掉入推播中的影片，忘了原本拿起手機要做什麼，只擔心是不是會漏掉了哪些想要的資訊。

有沒有想過，一直繼續這樣下去的我們，最終會成為什麼樣子呢？

過多的資訊、檔案塞滿電腦、手機後，它們開始頻繁的當機、打不開檔案，同樣的，過多的東西塞滿家裡各個角落後，你連走路都要挪走地上的物品，櫃子抽屜也打不開了。

這些現象告訴我們，留著過多有用的物品，只會讓空間變得無用。

雲端儲存是解決電腦容量不足的普遍解決方法，於是有些人也會選擇租借倉庫，把家裡放不下的物品往倉庫送，但因為租金不低，所以暗自在內心對自己喊話：「給我半年把家裡整理好，這個倉庫就用不到，可以退租了。」不過就我聽到的例子，多半是過了好些日子後，不但家裡沒有整理好，倉庫也堆到快滿了，而且還因為有倉庫可以暫放，於是理所當然把想買的東西更毫無節制的帶回家，如果你也曾經動過租賃倉庫的念頭，可能要三思而後行了。

物品的倉庫不應該在家裡

對於有用的物品，我們不需要全部擁有它們，備品的倉庫應該是在大賣場裡、書籍的倉庫在書店裡、衣服的倉庫在服飾店裡，食材的倉庫在菜市場裡，我們需要做的決定是**「活在當下的購買和留下物品」，不需要提前擁有，也用不著緊抓不放**，提前擁有的快感只在買到的那一瞬間，過一陣子它們就成了沒位置收納也沒空間使用的雜物，緊抓不放過去的物品並非真的要使用，留下它們無法讓你感到滿足或開心，而是徒增困擾，甚至帶有些自責與愧疚。

丟錯了，會很嚴重嗎？

或多或少會有捨棄後又覺得需要的物品，但通常只是幾秒鐘的在腦海裡閃過，如果真的很需要，自然會再尋找下個替代品重新買回，比較麻煩的是申請證明文件，只是這樣的機率真的少之又少。換個角度想，如果現今越來越清爽舒適的環境，是因為丟了一百件不需要的物品換來的，即便有一件物品後來還用得到，你會想要因為這個原因，再拿回來這一百件東西嗎？

重新定義有用的物品

不要再把任何沒壞掉的東西都視為有用的物品了，在簡約的家中，我們可以賦予新的定義：

①有用的物品＝有在用的物品
②有用的物品＝你不會遺忘的物品
③有用的物品＝有家的物品
④有用的物品＝在你的生活中有「正向角色」的物品

同理可證，沒有在使用的、沒看到時不會記得的、找不到家住的、看到它會有「負面情緒」的物品，就是沒用的物品，它們不再跟你的生活有關，當然也不需要花錢租倉庫給它們住，選擇捐贈、送出或賣掉，也許在別人家裡，會成為真正有用的物品呢！

物品的角色，是使用者來定義的，你有購買它的權力，自然也有捨棄它的權力，練習對物品的道德感，只停留在購買它之前，而不是在應該放手的時候。

其實沒有想像中那麼喜歡

「這個我很喜歡」、「這個很難買到」、「這是朋友送的生日禮物」，如果這些是你在心裡常會浮現的念頭，想必當時應該是在整理紀念品或裝飾品吧！

具有特殊回憶或情感的物品真的很難取捨，那麼也許應該再多聽聽心底的聲音，現在的你，是怎麼想的呢？

其實沒有想像中那麼喜歡

曾經在客戶家協助整理客廳，一座有著玻璃展示櫥窗的電視櫃擺滿了各種裝飾品，客戶說：「這些都蒐集很多年了，都是很有回憶的紀念品，應該都不能丟。」我建議客戶還是可以先下架，就算不篩選，也能擦擦櫃子，重新調整擺放。

當櫥窗內的物品一一下架，客戶開始喃喃自語：「奇怪，我那時候怎麼會喜歡這種東西呢？現在看起來好幼稚。」那是先生還是男朋友的時候，兩人收藏的動漫公仔；「這個雖然等很久才買到的，但不說我早就忘記了，沒什麼質感還那麼貴，現在想起來好浪費。」那是一對人像彩繪的馬克杯；「這朋友送的結婚禮物，但跟我喜歡的風格完全不同，怎麼辦呢？」明明喜歡無印風的客戶，拿著朋友送的水晶裝飾皺著眉頭望向我。

禮物是祝福，不是咒詛

客戶的眼神意味深長，好像在期待我能幫她做選擇，我請她想一想：

「這些物品對於你的意義是什麼呢？就算物品不存在，那些意義就會因此消失嗎？」

如果看不到物品就會遺忘的關係，想必在你心目中不是很重要，所以留著這樣的物品，是真的喜歡嗎？如果是知己好友，會知道你喜歡的是什麼，若收到不喜歡的禮物，也許是你和對方並不熟識，或是對方不在意你的喜好，只是一味地想把禮物送出去；即便對方心意是真誠的，心領就夠了，換個角度想：「如果今天自己要送出去的禮物，竟然造成他人的困擾，你是覺得很不好意思，還是會想要干涉對方如何處理禮物呢？」

送出禮物是送出一份祝福，不要讓禮物成為他人的負擔，祝福既然已經收下，這份禮物和家裡的其他東西一樣，就只是物品而已。如果不適合、不需要，自然可以取捨，若是因為捨棄別人給的禮物而感到萬分愧疚、惶惶不安，那禮物就不再是祝福，彷彿成為咒詛，想必這絕對不是當初送禮者的初衷。

哪些裝飾品、紀念品可以捨棄？

1．以前喜歡的，現在沒那麼喜歡了

如果是衣服，大概只能淘汰，但如果是收藏品，也許可以找到買家賣出，或找到喜歡的朋友再贈送出去，一般二手商店對於有價值的裝飾品也很願意收購，嚴格說來這類物品比其他類別物品還要好處理呢！

2．別人送的，其實覺得有點困擾

這點剛剛已經提過了，相對來說，現在送禮前我都會先詢問對方最近喜歡或缺少什麼，如果不是很確定能否掌握到對方的喜好，最實在的方式就是送紅包或超市禮券，我還沒有聽過有人收到現金覺得困擾的。如果不適合送紅包的對象，贈送消耗品，例如：水果禮盒或精緻的特色甜點，也能降低踩雷的機率。

3．當初堅持要買，買了之後才發現不適合

承認自己的堅持是一場空並不可恥，人生就是不斷從錯誤中吸取寶貴的經驗，找到更值得自己付出與追求的目標，不適合的人事物就應該要放手，每一個告別的物品都讓我們更了解自己，更了解想要的理想生活樣貌。

珍視的物品，就妥善地保留下來

不是每個紀念品都可稱為「珍視的物品」，珍貴的物品要有幾個條件，「喜歡的、美麗的、有感情的」，**喜歡的物品才會想要留在身邊，美麗的物品才會毫不猶豫的展示出來，有感情的物品能傳達祝福，它們串起美好的回憶，帶給我們前進的力量。**

客戶最後留下了大約三分之一的紀念品，放回玻璃櫃中，每一個都如同精品般的擺放展示，那些曾經以為很重要，絕對丟不得的紀念品，原來並沒

有想像中那麼喜歡，禮物與紀念品背後代表的是你的人際網絡，值得你珍視的關係也不需要物品來證明，**你面對它們的取捨越果決，對這些關係的維持也就越自在。**

喜歡的物品才會想要留在身邊，美麗的物品才會毫不猶豫的展示出來，有感情的物品能傳達祝福，它們串起美好的回憶，帶給我們前進的力量。

物品的斜槓人生

整理師好友N來訊說：「朋友是你的粉絲，想請問照片中這一款櫃子是哪裡買的，但不好意思直接詢問你，就請我問了。」

我看了一下，這張照片最近詢問度真的很高，但它其實不是什麼新家具，它原來的身分也和如今模樣相去甚遠，難怪大家認不出來。

而不只這張照片，近來很受歡迎的幾張照片，其實就是老夥伴發揮新功能而已，與其說我很有創意，倒不如說在一開始選擇它們時就設定好的條件：

1. 外型簡單，可融入室內風格。

2. 功能實用，貼近生活所需。

3. 質感佳，能被長久使用。

若是以這樣標準選擇的物品，多半不會淪為雜物，甚至能達到一物多用的功能，接下來分享家中這些勞苦功高的物品，它們是如何展開自己的斜槓人生呢？

本來是尿布檯，現在是收納櫃

老二出生時，兒童房沒有床鋪，我不想坐在地上換尿布，因此買了尿布台，我也了解它的使用時間大概只有半年，所以選了一款拆掉上面架子後，可以繼續當收納櫃的款式，半年後尿布檯就成了玩具櫃。接著上下鋪入住後，兒童房沒有空間容納它，於是又遷徙到工作室，成為收納櫃，很喜歡它現在的樣貌和功能，你有認出來嗎？

本來是玩具櫃，後來是書櫃

還有一款木製書櫃詢問度和按讚數都很高，其實它就是幾乎家家戶戶都有的 IKEA 玩具櫃，只不過加了層板，多了更多使用方式，特別推薦原木顏色，比其他顏色更耐看也更有質感。

本來是麵包盒，現在是3C電線收納盒

宜得利麵包盒便宜又好看，但一直以來都有點中看不中用，直到我發現它的極大優點——「適合懶人」，輕輕一堆就開、一拉就關，單手即可操作，打開一目了然，裡面再雜亂關上後就看不到，這超級適合先生的啊！所以就成了主臥室的電線、3C、遙控器收納盒了。不僅如此，後來我又新增了幾個其他款式的麵包盒，都是以類似的角度來利用、收納物品！

本來是除塵毯蓋，現在是濾網收納

不耐用的除塵毯，用沒幾次就斷掉了，在想著如何利用遺留下來的蓋子時，恰巧發現蓋子上面有一個小洞可吊掛，就順勢成了廚房排水孔濾網的收納工具了，這可是外面買不到的收納好物喔！（前提是你需要先用斷一支除塵毯才能得到）

是長凳也是桌子

無印良品的無垢材長凳，實木的材質耐用耐重，平常放在餐廳當餐椅，也可以挪到客廳當桌子使用，椅面下方可以放籃子收納物品。

是抽屜櫃，也是床邊櫃

抽屜櫃的特色就是可以放在櫃子內部成為收納用品，也能單獨取出放在地面成為家具，無印良品木製抽屜櫃的大小和高度，很適合放在臥室當床邊櫃。

是推車，也是邊桌

推車本身就是多功能物品，外出購物、露營野餐、搬運載物都少不了它，這一款推車還能延伸檯面成為小桌，不用的時候折疊收納在縫隙處，方便實用。

要讓物品「合理」的在家裡占據空間，就要讓它發揮最大價值，「一物多用」是思考需不需要此項物品的好方法，也可趁機篩選掉美觀卻不實用，或只有單一功能的物品。「一物多用」也對於打造簡約生活幫上不少忙，不但能精簡物品，達到物盡其用，也因為它們有質感的外觀，讓期待中的簡約生活更趨近於理想。但也千萬不要為了「多功能」而買，而是因為家人們真的會使用到這些功能才購買。

原來不只越整理越美好，適合你的物品，也會越使用越好用，發想它們的新角色時，也是一件有趣又有成就感的事，物品的斜槓人生，未來還有哪些可能呢？讓我們一起來發掘。

曾經是尿布檯的書櫃、可以變身為小餐桌的折疊推車，物品的斜槓身分不僅使空間加分，也讓生活處處充滿驚喜。

沒有動力整理時怎麼辦？

這個前提是你想要整理、需要整理，但卻怎麼都提不起勁，身處於焦慮時，有一些輕鬆簡單的方法，也許可以試著做看看。

1．請朋友來家裡作客

這絕對是最有效率的方法，你可以邀請熟識卻沒有來過你家的朋友，因為主人禮貌上都會介紹家中環境給初次來訪的客人認識，你會以客人的視角來重新整理家裡的每個空間，如此一來，可能不只門面，連臥室廚房都需要事先整理，確保客人看到的都會是你想要讓他看到的景象。

也許有人會覺得，這樣感覺只是為了塑造美好假象，但不妨輕鬆地看待，想要給旁人好印象並沒有問題，當做是讓家裡變得清爽整齊的契機或方法即可，就因為是熟識的朋友，大不了在參觀過後，大方的和朋友分享你整理的 Before、After 照片，感謝他們的到來，讓你換回一個乾淨的家。

2．到很會整理的朋友家中參觀

許多來過我家的朋友和學員，返家後總會分享：「不曉得為什麼？回家後就默默的丟起東西」、「本來拖了很久沒有整理的地方，參觀完你家後就好想整理」、「晚上睡覺前，不由自主的淨空家中所有桌面，好像被洗腦一樣，你家的樣子在我腦海揮之不去」。

如果身旁沒有這種朋友，也可以看一些介紹極簡生活或整理達人的影片，從中獲得靈感及動力。

3．把捨不得使用的高級美物拿出來用

有些高價的杯盤鍋具、具有特殊意義的紀念品、昂貴的名牌服飾，可能還關在你家的櫃子深處，把它們拿出來，用上、擺上、穿上，有了最好的，那些不好的、沒那麼喜歡的、占空間的物品，你會不想再屈就，乾脆順勢清理掉，把空間騰出來安置你最喜歡的東西。

4．擺上鮮花或植栽

這概念就如同小花效應，很好理解。也許你會因為在餐桌擺上一束鮮花，而將桌面清空；也許你會因為在客廳放上一盆龜背葉，而將客廳廢棄的茶几清掉；植物有一種奇妙的力量，照顧他們的同時，你也會有一種「自己有被好好照顧」的感覺，於是整個家，都在照顧你、療癒你。

5．看一本與整理收納有關的書籍

我的出版社主編，在幫我校稿第一本書的期間對我說：「每次看完一個章節，就好想趕快起身去整理」、「校稿一直都校不完，因為一直忍不住跑去丟東西。」有些書籍就是有這種感染力，有著溫暖的文字語言、邏輯清晰的概念解說、實用的方法技巧，以及大量美麗的照片，不僅值得細細品味，也能立刻照著做，找回家裡美好的樣子。

沒辦法整理或許還有許多因素，例如：心裡的層面、家人間的關係不好、時間上的困難，但與其耗費時間去探究太深層的原因，倒不如試一試擺在眼前立即可用的方法。

不過老實說，上述的方法更適用於「維持或改善一個及格以上的空間」，如果一個空間的狀態連基本功能都沒有，也許直接找整理師到府服務，是最好、最有效率的方法。

有時候留白，有時候充分利用空間

很多人誤以為整理就是在「丟東西」，極簡的人就是在追求「少」，但其實不然，**整理收納的目的是要「更方便的生活」**，既不能少到空無一物造成不方便，也不宜過度收納、塞好塞滿，在美觀與方便中要取得平衡，這其中需要思考的是**「什麼時候該留白，什麼時候該充分利用空間」**。

1．公共區域留白，臥室充分利用空間

玄關、客廳、餐廳等公共區域保持大量留白，除了基本的鞋櫃、沙發、餐桌以外，盡量精簡家具與物品，**既是共用空間，只放共用物品，收納空間**

夠用就好，將地板面積大量留白，順暢的玄關、寬敞的客廳，可以招待親友、聊天聚餐、放鬆休憩，留白的空間有更多的用途。

衣物、書籍、各式小物皆屬個人物品，因此適合收納在臥室內，臥室的收納機能需要滿足每個人的需求，衣服數量多的，就要充分利用衣櫥空間，書籍數量多的，就需要有書櫃牆；收藏品、小物多的，就要搭配展示架和收納抽屜。簡單來說，公共區域要有百分之七十的留白，臥室則可使用到百分之七十面積，把握公共區域留白，臥室充分利用空間的原則。

2．支撐型家具留白，收納家具充分利用空間

大面積的平面都屬於「支撐型家具」，例如：沙發、餐桌、床鋪等，支撐型家具並不是拿來收納用的，這些平面都具有特殊的功能，或坐、或臥、或書寫、或吃飯備料，所以平常要保持淨空，才能在需要使用的時候立即開

始作業，節省收拾、挪移物品的時間，可以更有效率；大平面保持淨空，寬廣的視線範圍內沒有雜物，當然也更舒適清爽。

當物品需要位置收納時，有些人選擇再買一個櫃子或架子，只是這樣一來，空出的地板面積頓時少了好多，行走拿取的動線也隨之被影響，此時若選擇將收納位置往上延伸，不但充分利用空間收納，又能保持一定的留白。

但說到往上延伸，如果聯想成頂天立地的架子，或是物品像樹狀圖般綿延不絕往上竄，似乎一點美感也沒有。**有時候沒有講究質感的「便利」跟「醜」真的只是一線之隔，真正的便利絕對包含視覺上看到的協調，而不能只講究使用的效率。**

例如文末照片是一款日本山崎美學的置物架，有兩種高度可任意調整，寬度比市面上其他款式寬，收納比較大型的電器也沒問題，除了放得下電烤盤、烤箱，還可以收納其他烤盤配件，置物架還附有四個掛勾，可以在兩旁收納相關物品，如隔熱夾、隔熱手套、食物剪或刷子抹布等，所有物品包含架子都統一為白色、淺灰色，和家裡風格相符，呈現美觀清爽的一抹角落。

3．開放式櫃子留白，密閉式家具充分利用空間

更正確一些的做法是：在需要收納較多物品的地方選擇密閉式家具，而在想要展示的區域選擇開放式櫃子。要收納較多物品的空間，例如：玄關櫃、衣櫃、櫥櫃等，物品一多不免看起來花花綠綠，若選擇有櫃門或抽屜的收納家具，一秒關上就可藏拙。而想要展示的收藏品、裝飾品或是植栽，可以放在開放式的書櫃、餐具櫃或壁掛式家具，把不美的藏起來，美才會顯露。

4．順手的收納處充分利用，櫃子高處或深處留白

不需要蹲下、爬高的「黃金收納區」就是順手的位置，這些地方可以充

分利用，而穿越層層關卡才能取得物品的收納處，像是要梯子才能拿到的高處、要移開眾多家具才能打開的櫃子，甚至是當初為了增加收納空間訂做的和室地板、上掀床、臥榻等家具，就盡量留白吧！

5．與其想著如何利用空間，倒不如想著如何留白

「整理」是做選擇，選擇後會捨棄不需要的物品，因此騰出留白的空間，建議大家可以重複整理一個空間，當整理到空間開始有餘裕時，這種「留白之美」會漸漸影響整理的習慣，看到空著的抽屜、櫃子，不會再想著：「這裡要買什麼來放？」而是想著：「這樣空空的也很好，真美！」

「整理」是為了選擇「更適合自己的生活」，選擇有「餘裕」的時間、有「餘裕」的空間，享受留白、享受獨處、享受簡單，這樣的留白減量雖刻意而為，但其效果卻讓人感覺自在且舒適。

真正的便利絕對包含視覺上看到的協調，不能只講究使用的效率，充分利用空間的同時，也要在美觀與方便中取得平衡。

精準購買，不多不少最美好

每逢連假或特殊節日，各大電商便磨刀霍霍，推出各種優惠與新商品，看到身邊的人都買個不停，下單的每一項商品也許都洗腦自己絕對用得到，但也擔心是不是太衝動了嗎？

給大家三個購買前可以考慮的要素，也是我平常購物時的原則：

1．買美麗的東西

一般人的家和整理收納達人的家有何不同，最大的差別就是——**你不會**

在這些達人的家裡看到沒有美感的生活物品，例如：垃圾桶、水桶、臉盆、塑膠袋、抹布等，並不代表他們不需要這些物品，而是他們覺得不好看的、不美的，就收起來，一定要放在裸露處才能使用的，就會換一個看起來美的。

一款五金行買的鴛鴦圖案臉盆，和無印良品的全白色臉盆比起來，價錢後者可能多了五倍，但也不過是二十元和九十九元的差別，可是在美感上卻是天差地遠，自從喜歡清爽簡約的生活後，我索性把家裡的臉盆、水桶、水瓢、洗澡海綿，通通換成統一的白色系，所以如果真的想買點什麼的話，就買美麗的東西吧！而越有質感的東西，通常都是外表看起來越簡單的東西。

我喜歡美麗的事物，但也喜歡簡單的生活，所以我選擇只留下精挑細選後的物品，只被喜歡的物品圍繞，**不會過多，也不會太少，剛剛好，最美好。**

2．買貴的東西

優惠活動的確是撿便宜的好機會，但隨便買的結果就是最後都淪為雜物，所以精準購買、鎖定平常下不了手，比較高單價的商品，一方面有預算考量，不會過度消費，另一方面是平常觀望許久、做足功課的，不是衝動之下購買的商品，因為價格昂貴，在品質、功能上也有一定水準，可以陪伴我們的時間也會比較久。

總之：「很會丟沒有用，很會買更是可怕，要買得好又丟得對才能改變。」**不會丟不掉，但也不會什麼都買，剛剛好，最美好。**

3．買回來後要放哪裡呢？

最後一步，我會問自己：既然是美的、貴重的、喜歡到不行的東西，我有合適的家讓它住嗎？我給的家能襯托它的美嗎？還是仍要委屈它和一堆雜物擠在一起，甚至因為沒有地方放，買回來後閒置在紙箱內數個月，最後忘了它的存在，那麼……買它有什麼意義呢？

先清出空間吧！如果還沒有地方放它們，那我現在比較需要的不是物品，而是空間。

我希望生活便利無虞，但也不想大量囤積物品，所以只購買現在需要的東西，只保留收納空間裝得下的分量，**不覺得匱乏，也不覺得擁擠，剛剛好，最美好。**

你買對了嗎？選物時，照著以上的標準，美感、功能、安全、便利都兼顧到了，不會太昂貴，以至於感覺攀附而捨不得使用，也不會太廉價，以至於感覺將就而隨意購買，極簡不是空，而是對生活溫柔，讓**生活不多、不少，剛剛好，最美好。**

講究且不妥協，優雅且從容

在事事講求效率、快速的年代，許多每天需要做的事，漸漸被更方便、更省時的機器取代，一鼓作氣的做完可以很快達成設定目標，感到心情上的某種滿足，但放慢速度的活動，有時反而能發現許多平常不會注意到的地方，當仔細認真的做一件事時，心情就會慢慢的平靜下來，這種舒服自在會瀰漫在整個空間裡，彷佛初夏的微風。

老派的洗手

戴口罩加洗手，這幾年已經成為人們生活的常態，商人們怎肯放過，自動給皂機、感應洗手機，各種款式、各種顏色推陳出新，幾年來我家換過好幾個感應洗手機，並非我喜新厭舊，而是真的很常壞掉，但總覺得無法缺少它，方便嘛！只是自從用了自動給皂機，發現洗手的時間越來越短了，到底有沒有洗乾淨，還是只圖做的形式，恐怕很難說。

不過後來我愛上老派的洗手方式，**用喜歡的手部清潔乳慢慢感受洗手的時光**，添加精油和保濕成分的洗手乳，每回聞到氣味，雙手搓揉間，都可以體會到產品的用心，彷彿能感受到身畔有舒適的旋律流過。

老派的洗碗

前幾年家中裝了洗碗機，從此解放雙手，省時省力，幾個月下來，發現碗盤、鍋具間的刮痕多了很多，喜愛的不鏽鋼保鮮盒，外層陶瓷烤漆斑駁脫落，方便的同時，好像也製造了一些困擾。

我將一般餐具杯壺交給洗碗機，珍愛的不沾鍋、鑄鐵鍋、木製器皿就用喜歡的洗碗精清洗，將鍋子潔淨的同時，原本洗碗這種無趣時光，也**因為能同時欣賞美麗的鍋子與芳香的氣味而成為一種美好**。

老派的清潔

將視線所及之處淨空的一個問題就是——看不到又不是很喜歡的物品就真的會忘記，所以常常被我隱藏在不顯眼處、關在櫃子裡的清潔劑，不美觀的外表、加上刺鼻的氣味，恰好給了我懶得打掃清潔的好理由。

曾在一本書上看到這樣的一段話：**「不要等到髒了才打掃，真正的打掃就是每天打掃。」**雖然很有道理，但等到髒了都不太願意清掃的我，要怎樣才甘願試看看呢？先從看得到的清潔劑開始吧！

我把廚房清潔劑掛在廚房推車手把上，這是我聞過最好聞最舒服的清潔劑，因為馬上就拿得到，每次下廚後順手噴幾下擦拭瓦斯爐和檯面，我也把廁所清潔劑掛在捲筒衛生紙旁邊，把浴室清潔劑掛在洗手台下方，因為成分是源於天然的發酵乳酸及精油，所以能放心的使用與感受。就算價格比市面上的產品昂貴，但優雅簡約的瓶身，可以打造出無論放置家中何處都不破壞美感的設計。

老派的講究

從前我是對香味無感甚至有點討厭的人，不擦香水，也從不使用芳香噴霧，甚至對於真花的味道感到反胃，因為總聯想到它枯萎爛掉後的樣子，我想並不是因為我不喜歡香味，而是我沒有聞到令自己舒適滿足的氣味，所以雖然我重視聽覺的饗宴（聽美妙的音樂）、視覺的清爽（整理空間）、味蕾的體驗（品嘗美食），但嗅覺這一塊是忽視的，接觸到喜歡的香氛產品後，真的開啟了我的另一個視野，我不再抗拒香味，而是期待每次使用它們，不只在清潔的時候，我希望能一直身處在有天然芳香的空間裡。

家中有了宜人、宜室、宜居的香氣後，就會想要置身其中，處在讓自己感覺舒適自在的空間，對滿足自我很重要，我們會和那個空間產生共鳴，就像你走進一間舒服自在的商店，心情會瞬間感到滿足一樣，很高興我能體驗到這樣從容優雅的老派魅力。

當家中有人宜人、宜室、宜居的香氣後，就會想要置身其中，這種舒服自在會瀰漫在整個空間哩，彷彿初夏的微風。

七個6簡約穿搭術

什麼是七個6簡約穿搭術

靈感來自於多年前，我清點自己的衣物時，發現很多種類剛好都是6件，於是延伸出「七個類別，每個種類各6件」的自創穿搭術。

這個穿搭術的特色是簡單萬用，不僅適用四季時節，不論是平日上班、假日旅遊、姐妹聚餐、親子踏青都適合的穿著，且不需花時間搭配，只要先決定下半身穿著，全身穿搭三十秒內搞定，沒有繁複的技巧，也不需搭配飾品，簡單有型又能修飾身材。

七個 6 穿搭術

分類	冬季	夏季
1. 下身衣物	搭配基礎的 下身衣物 6 件	搭配基礎的 下身衣物 6 件
2. 套裝、洋裝	個人風格呈現的 洋裝或套裝 6 件	個人風格呈現的 洋裝或套裝 6 件
3. 上身內搭	保暖的針織衣 和毛衣 6 件	可單穿也可內搭的 T 恤或無袖上衣 6 件
4. 上身正式	可內搭可單穿的 薄長袖或襯衫 6 件	適用各種生活型態的 正式款上衣 6 件
5. 外套	兼具保暖與搭配 功能的外套 6 件	兼具修飾與搭配 功能的外套 6 件
6. 鞋子	舒適簡約的 經典鞋款 6 雙	舒適簡約的 經典鞋款 6 雙
7. 包包	展現質感與品味 的包包 6 個	展現質感與品味 的包包 6 個
8. 加碼		一年四季都可以穿的 長袖襯衫或罩衫 6 件

春夏版和秋冬版在鞋款和包包這兩項目裡是可以重複的，而春夏版除了這七個項目以外，我會再加入第八個項目「一年四季都可以穿的長袖襯衫或罩衫6件」，這是跟冬季版借來的6件，用以適應換季時節的不穩定天氣，是春秋兩季穿搭上的好幫手，而襯衫和罩衫都有著比較正式和優雅的特質，剛好符合我的喜好。

如何精簡衣服數量

1．集中

衣服很多的人，可以一天整理一個類別，先準備三個空紙箱，將同一類別的衣服全數集中在床鋪後，開始篩選。

2．嚴選

穿衣服不只是為了保暖、為了蔽體，更重要的是為自己增色，因此家裡的衣櫥要精簡出最能襯托自己特色、最能修飾身材缺陷、最符合個人風格的衣服；因為嚴選，每件都是上上之選，就算常常重複穿搭也很喜歡，只要少許幾件就能滿足日常所需；因為數量不多，趁著保鮮期充分穿著後，可以更新替換，永遠只穿著最適合當下自己的衣著，不讓過量的衣物成為累贅。

嚴選後清點要留下的衣服數量，拍照後放回衣櫥，將要捐贈送出或賣掉的放到「紙箱一」，盡快選擇適合的方式送出家門；猶豫的放入「紙箱二」暫時保管，給予保管期限如半年，這半年內都沒有想到這些衣服，也沒有拿回來穿，就可淘汰，千萬別把這些「閒置」的衣物，和精選的衣物塞在同個空間裡；而狀況不佳的衣物放入「紙箱三」，下回出門時順便拿去舊衣回收箱丟棄。

3．統一

每個人都是獨一無二的，按照自己的年齡、工作型態、生活習慣、氣質、身材、膚色或髮色，選出最能為自己加分的單品。統一不是意指要和別人相同，而是藉著刪去多餘的，找出可以代表自己的穿搭語彙。我的穿搭語彙是「悠閒的優雅感」，在這個根本上延伸出的統一原則為：

- ☑ **統一風格：**簡約但細節有設計感的風格，例如：肩膀處有墊肩或皺摺、袖口處有特殊設計、素色襯衫帶有簡單的圖騰等；另外略微寬鬆的剪裁、帶有垂墜感的布料可以修飾身材，也是選品時重要的條件。
- ☑ **統一款式：**喜歡優雅又俐落的感覺，所以偏愛西裝外套、襯衫、雪紡罩衫、長洋裝、直筒褲等服裝款式。
- ☑ **統一色系：**大地色系為主，近年因為做了四季色彩的測驗，加上步入中年，在上衣的顏色選擇上又多了莓粉色和淡紫色，另外淺藍色的衣服、外套也不少。

4．定量

很多人都說「七個6」太困難了，絕對做不到，要提醒大家的是**「6件**

不是重點，定量才是」；你可以是「七個10」、「七個20」，總比任由衣櫥爆炸好，每次篩選時，總會再發現一些不穿的衣服，只要開始試著做看看，就會有收穫。

更進階的篩選

想要大刀闊斧、立即見效的，提供大家兩個方法，給很有決心、立志要減量的人使用，如果將這兩個方法和「七個6」一起用，最是有效。

方法一：想像重新購買

把衣服全數下架，一件一件放在床上，想像自己踏進一間服飾店，你的手中有（　）件新衣服的購買額度，仔細想想**有哪件衣服是你願意再次花錢買回來的**，並且你再次買回來的衣服們要能彼此搭配，而你也會常常穿它們（一週至少穿一到兩次），穿上它們讓你感到非常開心與滿足。

請以最低限度數量選擇衣服：

☑ 不要選擇「可有可無」的衣服，要選擇「非它不可」的衣服。

☑ 選擇重新購買的衣服一定要先試穿，只要有疑慮的衣服就不要選。

☑ 沒被選到的衣服先不思考要怎麼處理，免得浪費時間。

方法二：讓衣櫥幫你決定數量

衣櫥有多大，衣服就有多少，不要因為衣櫥吊桿不夠，又再買一個曬衣架，因為斗櫃不夠放，又再買更多的抽屜櫃，**讓原本的收納空間大小來幫你決定數量。**

另外衣櫥內部空間要善用不要浪費，如果是層板，可以加裝抽屜箱收納衣服，也可以放置分隔架收納包包；如果是大抽屜，可以加裝收納盒或分隔盒來分類衣服；增加收納輔助用具可以讓衣櫥的整理與維護變得簡單，分類的整理方式還有助於衣著搭配，但無止盡的增加衣服只會讓衣物管理更加困難。

如何確立自己的服裝風格

「衣櫥裡的衣服永遠少一件？」只要能確立風格，挑選適合自己又能顯露個性的衣服，就算總是穿著相同的服裝也能展現品味，服裝的數量自然可以持續精簡。

那要如何確立自己的風格呢？

①首先要徹底了解自己適合的剪裁和款式，了解自己的「骨架分析」和「四季色彩」就是很實用的方法。

②再來要充分的試穿和拍照，確認顏色、剪裁是否相襯。

③一季不買新衣，重新確認自己的喜好，因為不能添購新衣，就會浮現很多新的想法，用原有的舊衣磨練穿搭技巧，進而提升自己的品味及穿搭能力，重新確認自己的風格。

④看到漂亮的衣服時，立即分析原因，藉此訓練自己的鑑賞能力，

看到覺得不對勁的穿搭也可以這樣做。

⑤添購新衣時，只入手合乎自己美感的衣服，不要買「不好不壞」、「只要舒服就好」的衣服，應該要寧缺勿濫，**「講究」而不要「將就」**。

將穿搭變成有趣的實驗遊戲

邀請你在篩選出自己的七個6以後，連續三十天用精簡後的衣物做「穿搭拍照挑戰」，每天搭配一套，拍兩張照片，一張上身照，藉由臉部氣色檢視上衣顏色是否和膚色相襯，一張全身照，檢視全身比例和風格是否能為自己加分。

我對衣服的斷捨離已經練習十幾年了，還是會買新衣，還是喜歡看漂亮衣服，但是保持數量控管的原則，一進一出，選擇同一種風格的衣服購買，重複練習了解自己的適合與喜好，重要的是保持「不要太偏差」的體態（不要太嚴格，但也不能太放縱），擁有的「量」不是重點，穿出個人風格才是。

不知道自己喜好、特色的人，先藉由「減法」，剔除掉不喜歡、沒在穿的衣服，只要數量一減少，就能慢慢了解自己的需求，衣物整理不只是物品的整理，也是一段更了解、認識自己的旅程。

6 件不是重點，定量才是，當你認為這件衣服可有可無時，就是應該放手的時候。

讓家變美的不是物品，而是空間

在生活中，偶爾我們會缺少物品，即便不是很緊急，我們也常會馬上購買。

很多時候，我們也缺少空間，置物的空間、招待客人的空間、孩子玩耍的空間、廚房大顯身手的空間，但我們不會馬上製造空間，即便感到困擾，甚至因此不開心，也會將就繼續使用著、生活著。

是不是有點奇怪。

這是因為缺少物品時，需要做的是「買」，而缺少空間時，需要做的是

「捨」。某種程度來說，「購買」比「捨棄」容易多了，買東西的時候有種快感，捨棄物品時卻有種罪惡感，買東西彷彿是「得到」，是滿足了自己的需求，但捨棄東西彷彿是「失去」，是不在乎自己的感受。

表面上可能是這樣。

但如果你願意試著相信，「讓家裡變美的方法不是先增加物品，而是先贏回空間。」接下來的發展可能會完全不同，就拿客廳來說吧！

簡＝精簡＝去蕪存菁

比起收納什麼物品，客廳更為重要的是放了哪些家具。客廳既然身為一個家庭的核心，要呈現有活力的狀態，到處堆積物品會讓空間及心靈都停滯不前，捨棄笨重又無用的大型家具吧！

只能拿來「饋咖」的大茶几、明明客廳不大卻硬要塞一加二加三的沙發組、因為前面擋了太多雜物早就打不開的邊櫃或邊几、放了一堆陳年舊物的高大電視櫃、擋住了陽光在落地窗旁排排站的收納箱。

這些看似要讓生活便利的物品，當數量不堪空間負荷時，只會讓生活更不方便，這些失去功能的物品是無法寄予厚望的，倒不如適時適量捨棄它們，清出更多空間吧！

約＝制約＝和這個家的約定

精簡後，留下來的家具可收納的容量，就是放在客廳物品的數量底線，不要動不動又多買一個櫃子、多裝一個層架、多疊幾個抽屜。

人的慾望是無窮的，與其想破頭到底是「需要」還是「想要」，列了一堆清單規畫要如何增加收納空間，倒不如直接給自己「空間的制約」，放不下，就不要買。

「約」不只是消極的「制約」，對我而言有更積極、美好的意義，那就是「維持家的樣子，是我們和這個家的約定。」

美＝美化＝留白之美

習慣淨空和留白後，不太需要再去思考買什麼、放哪裡，「直覺」就是最好的準則，比起思考需要或不需要，問問自己「美或不美」更容易幫助自己下決定，不一定是堆滿美麗的物品就能打造美麗的空間，要有一定程度的留白，有餘裕的空間，才能感受到生活的美。

空間騰出來後，有更多使用的可能性，可以是遊戲場、是運動場、是音樂廳、是電影院，你的家變美也變得更好了。

家的樣子，你的樣子

看過《我的家空無一物》（夏凡主演）這齣日劇的朋友，肯定都對劇中女主角空無一物的家感到嘖嘖稱奇，對於極簡主義不感興趣的人，可能會覺得：「生活在這樣的房子好無趣」、「極簡感覺就是什麼都沒有」但空無一物的房子，擁有的即是「空間」。

可利用的空間俯拾即是，收納的空間、放鬆的空間、工作的空間、小孩奔跑遊戲的空間、家人朋友們歡樂相聚的空間，有足夠的空間就有無限可能，你擁有空間的主導權，可以重新省思，要把什麼放進生活裡，這就是整理的美好。

我家並非空無一物，也不追求什麼東西都沒有，但我努力想要得來更多的「空間」，將多餘之物請出家門，只留下真心喜歡的物品，恢復家中每個場所原本的功能，「整理」不是要我丟掉一切，而是幫我分辨什麼值得留下。

曾經有位學員問我：「我家房子很大，就算東西很多也有地方塞，我非得整理不可嗎？」

整理絕非萬能，斷捨離也不是什麼仙丹妙藥，就像我在〈設限＆設線〉的章節中的〈設限是自律的表現〉說的，需不需要整理、要不要丟東西，取決於「人」、「物品」和「空間」這三者間的關係是否協調，如果眼前的生活沒有什麼不適，只要稍微收拾就可以維持，不整理其實也沒什麼關係。但只要其中一項不能滿足於現況，另外兩者就會需要跟著調整；女主角的家原本到處堆滿雜物，一家人在裡頭生活好長一段時間，也未曾想要改變，但地震的發生，導致房屋損毀、生命安全產生威脅，因為「空間」不敷使用，這才有了後來演變成極簡之家的過程。

這本書就是為此而生，整理不只是處理物品，而是處理關係，很多關係會因為空間的調整而改善；整理不是要處處追求完美，而是提醒我們不需要掌控一切，更重要的不是整理的成果，而是在過程中，你被提醒了什麼。

整理不是丟棄，而是給予，
將多的釋出，把愛留下，
所以整理也是愛的語言。

若有一天，你覺得這個家好像需要做點改變，你想要找回那個曾經讓你心動的家，那麼屆時此書若能幫上一點忙，將是我莫大的榮幸。

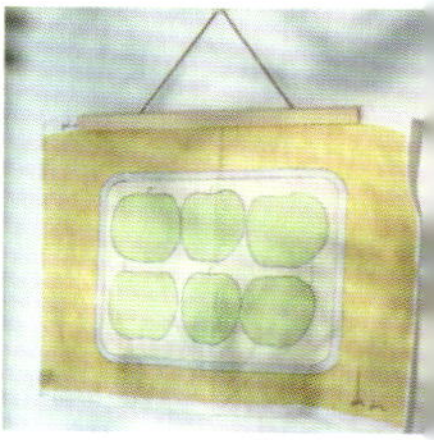

富能量 0135

整理是愛的語言

整理不是丟棄，而是給予；
將多的釋出，把愛留下，讓家變成愛的容器

作　　者：吳敏恩
攝　　影：陳家偉
內文部分照片提供：吳敏恩
責任編輯：林麗文、林靜莉
封面設計：Dinner Illustration
內文排版：王氏研創藝術有限公司

總 編 輯：林麗文
副總編輯：賴秉薇、蕭歆儀
主　　編：高佩琳、林宥彤
執行編輯：林靜莉
行銷總監：祝子慧
行銷經理：林彥伶

出　　版：幸福文化／遠足文化事業股份有限公司
地　　址：231 新北市新店區民權路 108-3 號 8 樓
粉 絲 團：https://www.facebook.com/happinessnbooks
電　　話：(02) 2218-1417
傳　　真：(02) 2218-8057

發　　行：遠足文化事業股份有限公司（讀書共和國出版集團）
地　　址：231 新北市新店區民權路 108-2 號 9 樓
電　　話：(02) 2218-1417
傳　　真：(02) 2218-8057
電　　郵：service@bookrep.com.tw
郵撥帳號：19504465
客服電話：0800-221-029
網　　址：www.bookrep.com.tw

法律顧問：華洋法律事務所蘇文生律師
印　　製：呈靖彩藝有限公司
初版一刷：2025 年 6 月
定　　價：450 元

國家圖書館出版品預行編目 (CIP) 資料

整理是愛的語言 / 吳敏恩著 . -- 初版 . -- 新北市：幸福文化出版社出版：遠足文化事業股份有限公司發行 , 2025.06
面；　公分
ISBN 978-626-7680-23-0(平裝)

1.CST: 家政 2.CST: 家庭佈置
3.CST: 簡化生活

420　　114004227

9786267680230(平裝)
8667106520997(博客來親簽版)
9786267680223 (PDF)
9786267680216 (EPUB)